CONSIDÉRATIONS GÉOLOGIQUES

SUR LES

ILES OCÉANIQUES

PAR

P. DE TCHIHATCHEF

MEMBRE CORRESPONDANT DE L'INSTITUT DE FRANCE

PARIS

LIBRAIRIE J.-B. BAILLIÈRE ET FILS

Rue Hautefeuille, 19, près du boulevard Saint-Germain

1878

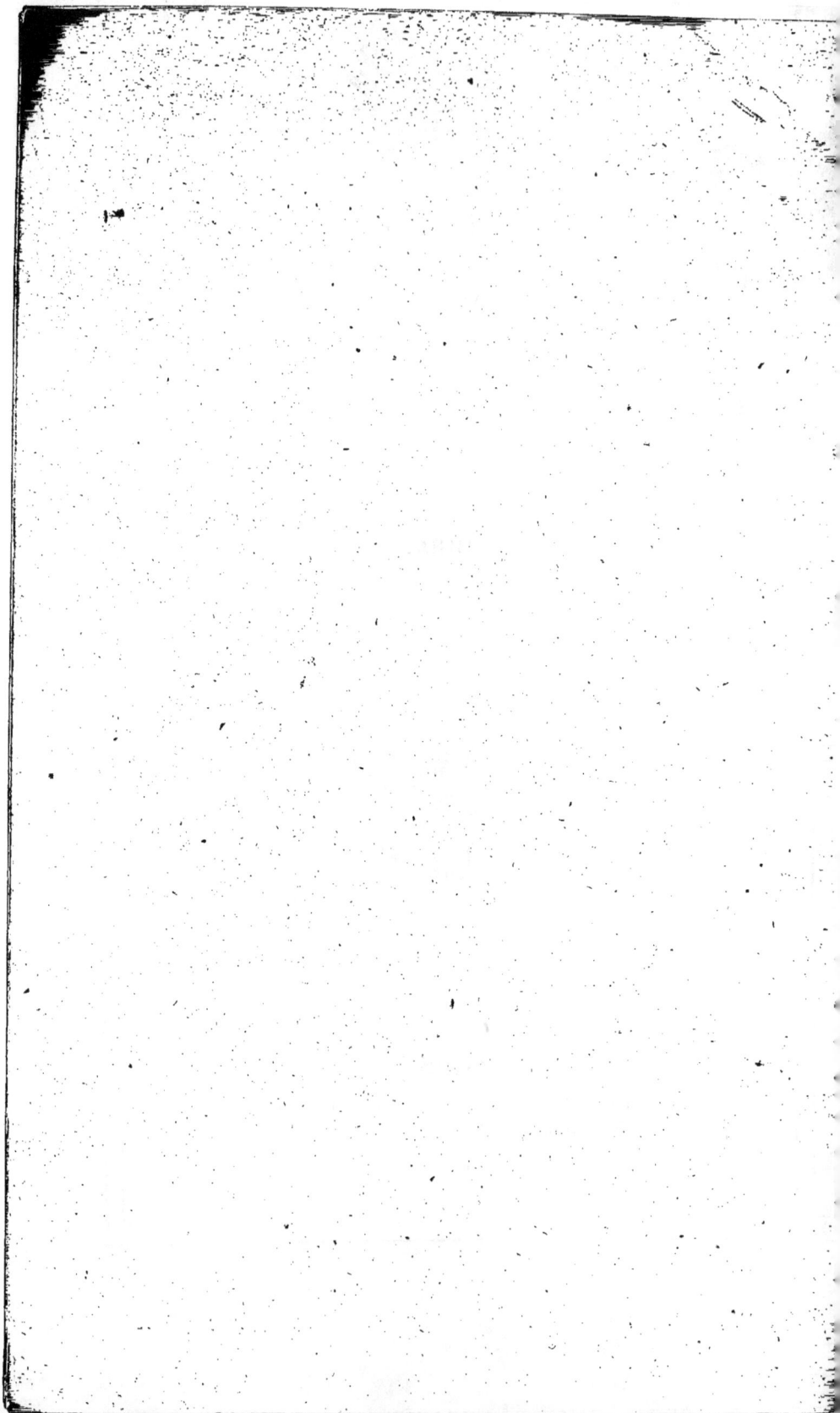

CONSIDÉRATIONS GÉOLOGIQUES

SUR LES

ILES OCÉANIQUES

5427. — PARIS — IMPRIMERIE DE E. MARTINET, RUE MIGNON, 2.

CONSIDÉRATIONS GÉOLOGIQUES

SUR LES

ILES OCÉANIQUES

PAR

P. DE TCHIHATCHEF

MEMBRE CORRESPONDANT DE L'INSTITUT DE FRANCE

Extrait de l'édition française de la *Végétation du Globe*,
par A. Grisebach, t. II, p. 835.

PARIS

LIBRAIRIE J.-B. BAILLIÈRE et FILS
Rue Hautefeuille, 19, près du boulevard Saint-Germain

1878

CONSIDÉRATIONS GÉOLOGIQUES

SUR

LES ILES OCÉANIQUES

L'Océan, dont l'immensité fait presque disparaître toute la partie émergée de notre globe, est pour le naturaliste une source inépuisable d'études et de révélations inattendues, soit qu'il plonge dans ses mystérieuses profondeurs, soit qu'il explore les nombreux archipels qui surgissent au-dessus de sa surface. En examinant ces archipels, il est frappé de se trouver en présence d'une végétation et de formes animales différentes de celles des continents, souvent les plus rapprochés, et comme les conditions physiques actuelles ne lui fournissent guère une explication suffisante de ces étranges anomalies, sa pensée revient forcément sur le passé, et dès lors il se trouve amené à interroger les annales géologiques, en se demandant, si les îles les plus remarquables par l'originalité de leur flore et de leur faune ne seraient pas les plus anciennes, et par conséquent les plus susceptibles d'avoir conservé le cachet de leur individualité primitive, ainsi qu'on serait porté à l'admettre *à priori*.

C'est une question qui intéresse à un si haut degré les plus graves problèmes relatifs à la distribution géographique et aux conditions vitales des organismes répandus sur la surface de notre globe, qu'en terminant le grand ouvrage dont j'avais entrepris l'interprétation, je crois devoir soumettre au lecteur quelques considérations générales sur ce sujet. J'examinerai donc rapidement la constitution géologique des îles dont il vient d'étudier la flore avec M. Grisebach, sans me dissimuler les difficultés de la tâche ; car, malheureusement pour le géologue, même plus peut-être que pour le botaniste, beaucoup de ces groupes insulaires demeurent encore

à l'état de *terra incognita*. Je suivrai dans cet examen l'ordre adopté par
M. Grisebach dans l'étude de la végétation des îles océaniques, et je commencerai en conséquence par les Açores.

1. ILES AÇORES. — De même que les archipels de Madère, des Canaries
et du Cap-Vert, les Açores se trouvent dans le domaine du Gulf-stream,
qui exécute autour de ces dernières îles un mouvement de rotation traçant
des cercles presque concentriques. Cet archipel, situé à environ 2000 kil.
à l'ouest du littoral africain, est composé de neuf îles principales, disséminées sur une ligne de 800 kil. de longueur; il constitue l'un des plus
remarquables foyers de volcanicité, placé au milieu de l'Atlantique, dont
la profondeur, dans ces parages, peut être de 182 à 1820 mètres. Les
agents volcaniques se sont manifestés dans cet archipel presque aussi
fréquemment par des éruptions sous-marines que par des éruptions à l'air
libre. Ainsi, lorsqu'en 1808 un immense cratère s'ouvrit dans l'île de
Saint-George, avec un bruit semblable à celui du canon, en recouvrant
une partie de la surface de l'île d'une épaisse couche de scories et de
pierres ponces, cette catastrophe avait été précédée plus de cinquante
ans auparavant (en 1757) par l'apparition soudaine, tout autour de Saint-
George, de dix-huit ilots qui s'évanouirent peu d'années après. De même,
d'après Léopold de Buch (*Description des îles Canaries*, traduite par
C. Boulanger, p. 364), « l'île Saint-Michel est célèbre par les masses
insulaires qui à plusieurs reprises ont tenté de s'élever dans son voisinage » : telles furent celles qui en 1638, 1652, 1719 et 1811 surgirent au
milieu d'un violent mouvement de la mer et avec émission de fumée, de
cendres et de pierres ; plusieurs de ces îles s'évanouirent promptement, mais
celle qui apparut en 1811 et fut nommée Sabrina, se conserva pendant un an
et puis s'affaissa graduellement. Selon M. Fouqué (*Revue des deux mondes*,
ann. 1873, p. 829), l'île Saint-Michel présente à ses deux extrémités deux
régions dont l'âge est plus ancien que celui de la partie moyenne. Ces deux
régions, l'une orientale, l'autre occidentale, ont formé autrefois deux îles
distinctes, la première allongée de l'est à l'ouest, la seconde du nord-ouest
au sud-est. L'intervalle entre les deux îles a été comblé par une série
d'éruptions. Une multitude de cônes volcaniques se sont élevés dans cet
espace, et d'innombrables coulées de laves basaltiques s'y sont déversées,
de manière à former de part et d'autre une sorte de plaine rocailleuse.

A environ 60 kilomètres seulement au sud-sud-ouest de Saint-Michel
se trouve l'île Sainte-Marie, la seule, parmi toutes les îles des Açores, qui
présente des dépôts sédimentaires, dépôts signalés d'abord par le capitaine
Boyd en 1835, et ensuite par L. de Buch, lequel, au reste, ne fait que reproduire les assertions de son prédécesseur de la manière suivante (*loc. cit.*,

p. 365) : « L'île Sainte-Marie n'est point volcanique. Aucune partie de sa surface ne paraît avoir souffert de l'action de la chaleur ou d'une éruption postérieure à sa formation. Toute l'île est composée de couches de schistes, qui affectent une position presque perpendiculaire, et qui forment de grandes falaises vers la mer. Du côté du nord-ouest, on voit dans ce schiste, dans un lieu inaccessible et saillant hors du roc, un immense fémur d'un grand animal. Ce schiste serait-il donc un schiste du lias? Il est couvert d'une formation calcaire remplie de corps marins ; ce calcaire dont on exporte la chaux, est vraisemblablement d'une formation très-récente. » J'ai reproduit à dessein *in extenso* ce passage de L. de Buch afin de mieux faire ressortir la contradiction flagrante qui se produit entre la description de l'éminent géologue de Berlin et celle que M. Fouqué a donnée (*loc. cit.*, p. 855) de la même île. En effet, non-seulement le savant français ne mentionne pas le fémur énigmatique, mais encore est-il bien loin de dire que toute l'île soit composée de dépôts sédimentaires ; car ces dépôts, que M. Fouqué qualifie non de *schistes*, mais de tufs calcaires, les uns à gros fragments, les autres à grains tellement fins qu'ils ressemblent à des calcaires purs, s'observent au milieu de coulées de lave et de couches de conglomérats. « Ces tufs, dit M. Fouqué, se montrent à diverses hauteurs au-dessus du niveau de la mer et affectent des inclinaisons variées. Ceux qui occupent le niveau le plus élevé apparaissent à des altitudes de 60 à 80 mètres ; ils renferment un grand nombre de coquilles marines entières ou réduites en fragments. » M. Fouqué fait observer que quelques-unes de ces coquilles sont identiques avec des espèces du terrain tertiaire des bassins de Bordeaux ou de Vienne (époque miocène), d'autres peuvent être assimilées à des espèces de la mollasse suisse (époque à peu près identique), enfin d'autres sont de tout point semblables aux Mollusques marins qui vivent encore sur le littoral de Sainte-Marie. M. Fouqué en conclut avec raison que le sol sur lequel s'opéra le dépôt des animaux auxquels ont appartenu ces restes a dû être constitué par des agrégats volcaniques, produits d'éruptions antérieures. Après avoir été soulevés à des hauteurs diverses, les calcaires à fossiles miocènes auront été recouverts par de nouvelles éruptions, puis immergés et soulevés de nouveau avec les dépôts récents dont ils auront été revêtus. Au reste, M. Fouqué croit que les Açores n'ont pas cessé de changer de niveau pendant les derniers âges de la période tertiaire, mais que ces mouvements du sol, dont il reste des signes si intéressants dans l'île Sainte-Marie (voyez ma note page 754), ont été essentiellement locaux.

Les renseignements importants et détaillés fournis par M. Fouqué prouvent qu'il a consacré à l'étude de cette île un temps dont M. L. de Buch ne pouvait probablement pas disposer ; d'ailleurs, ce que l'éminent géologue de Berlin dit des Açores en général, indique suffisamment qu'il n'en avait qu'une connaissance limitée et superficielle ; autrement il ne se serait pas permis de déclarer d'une manière péremptoire (*loc. cit.*, p. 360) que « les Açores paraissent être formées presque exclusivement de masses trachytiques, et qu'on *n'y voit nulle part* de couches basaltiques, excepté peut-être dans les îles de Corvo et de Florès. » Or cette assertion est diamétralement opposée aux faits rapportés par M. Fouqué relativement aux îles de Terceira, de Pico et de Fayal (voy. *Revue des deux mondes*, ann. 1873, p. 40-65 et 617-644). Quant à la première, le savant français nous donne une relation fort intéressante de l'éruption sous-marine qui eut lieu en 1867 dans le voisinage de cette île. Ce fut au commencement de janvier que l'île de Terceira éprouva les premiers ébranlements qui allèrent toujours en augmentant d'intensité jusqu'au 1er juin, lorsque la mer se mit à bouillonner violemment au milieu de détonations semblables à des décharges d'artillerie ; d'énormes colonnes d'eau chaude et de vapeur d'eau jaillirent à une hauteur de plusieurs centaines de mètres, accompagnées de nombreuses projections de scories noirâtres. A une distance de plus de 10 mètres, l'eau de la mer était colorée de teintes les plus diverses et exhalait une odeur pénétrante d'acide sulfhydrique ; cependant nulle trace de flammes, nulle incandescence. L'amas sous-marin formé par l'accumulation des scories ne s'était pas élevé jusqu'au niveau de la mer, très-profonde dans ces parages. Toute cette scène de terribles commotions ne dura qu'une semaine, en sorte que le 7 juin le calme se rétablit, au point que M. Fouqué, qui était allé en bateau explorer les lieux mêmes, ne put découvrir qu'un seul endroit de la mer, à peine de quelques mètres carrés, agité par un faible dégagement gazeux. Ayant recueilli une certaine quantité de ce gaz, M. Fouqué constata qu'il était extrêmement riche en hydrogène, fait important, puisqu'il prouve qu'il existe des gisements d'hydrogène dans les entrailles de notre terre, exactement comme des gisements de métaux proprement dits.

Un point très-remarquable dans l'île de Terceira, c'est le mont Brésil, vaste cône cylindrique qui se dresse à l'entrée du port d'Angra. Son cratère, de près d'un kilomètre de diamètre, est entouré d'une crête circulaire échancrée seulement vers le sud. L'étude à laquelle M. Fouqué soumit diverses laves vomies, tant par le mont Brésil que par les volcans situés dans l'intérieur de l'île, l'a conduit à cette observation importante : c'est que les mêmes volcans peuvent produire une lave trachytique et une lave basaltique, selon les proportions dans lesquelles s'y présentent la silice, l'oxyde de fer, la chaux, la soude et la potasse ; les laves riches en silice, mais ne contenant relativement que de petites quantités des autres éléments constitutifs sus-mentionnés, deviennent trachytiques, tandis que lorsque les autres éléments prédominent aux dépens de la silice, il en résulte une roche basaltique. Cependant M. Fouqué croit que dans l'île de Terceira les trachytes sont plus anciens et plus répandus que les basaltes.

A 30 milles marins de Terceira se trouve la petite île Graciosa. Bien que depuis longtemps (depuis 1719) aucune manifestation volcanique puissante n'y ait eu lieu, cependant l'examen de la vaste *Caldeira* qui embrasse une portion du territoire, démontre l'intensité des phénomènes dont elle a été le théâtre.

Graciosa occupe l'extrémité nord de la ligne dirigée de N. E. N. au S. O. S., sur laquelle se trouvent échelonnées les îles de Saint-George et de Pico, et cette dernière n'est séparée que par un détroit de 2 milles marins de l'île de Fayal, située plus à l'ouest. Dans ce détroit, la mer est si peu profonde, qu'un soulèvement du sol de 90 mètres mettrait à sec le fond du canal et réunirait les deux îles en une seule.

Pico est remarquable par le cône volcanique qui se dresse à la limite du tiers occidental de l'île, et dont le point culminant est de 2320 mètres ; il a deux cratères : l'un, situé plus bas, forme une enceinte de 200 à 300 mètres de diamètre, et du centre de laquelle s'élève un nouveau cône d'environ 70 mètres de hauteur ; l'autre cratère se trouve au sommet même du pic et n'a qu'une dizaine de mètres de diamètre ; il laisse échapper de la vapeur d'eau, de l'acide carbonique et de l'hydrogène sulfuré. Les laves modernes et toutes les anciennes de Pico (à une seule exception près) sont essentiellement basaltiques ; en maints endroits on pourrait ramasser de grandes quantités de gros cristaux de pyroxène et de péridot.

L'île de Fayal, située vis-à-vis de l'île de Pico, offre plusieurs témoignages de l'ancienne activité volcanique, bien que depuis 1672 il n'y ait eu aucune éruption. Les laves de l'île sont basaltiques.

M. Fouqué termine son important travail sur les Açores par des considérations générales relatives à l'époque de leur soulèvement, ainsi qu'aux moyens d'expliquer le caractère de leur flore et de leur faune. Il rejette tout d'abord comme incompatible avec les données géologiques l'ancienne tradition concernant l'Atlantide, terre aujourd'hui disparue, qui aurait servi de trait d'union entre l'Europe et le nouveau monde, et dans laquelle se seraient trouvés englobés les sommets qui constituent aujourd'hui les Açores, Madère et les Canaries. C'est une conclusion à laquelle avait déjà été conduit Charles Daubeny (*A Description of active and extinct Volcanos*, 2ᵉ édit., p. 450). Après avoir soumis à une discussion approfondie cette célèbre légende, dont Bory de Saint-Vincent croyait retrouver les traces dans la série d'archipels échelonnés entre l'Europe et l'Amérique, le savant géologue anglais déclare qu'il considère tous ces archipels comme autant de produits d'éruptions sous-marines qui auraient eu lieu dans le cours d'époques géologiques relativement récentes [*]. Quant au moyen d'expliquer le caractère européen de la flore et de la faune des Açores, M. Fouqué ne trouve point qu'aucune des théories formulées jusqu'à présent soit capable de fournir cette explication ; car si, comme le voulait Forbes, les Açores avaient été unies à l'Europe, on ne voit pas pourquoi les Mammifères européens n'y seraient pas répandus, et c'est la même objection qu'on pourrait opposer à ceux qui, comme M. Godman, rattachent les animaux des Açores à l'introduction de l'homme, intervention qui d'ailleurs n'eût pas pu s'exercer sur les Mollusques terrestres, ou bien se serait exercée également en sens inverse : c'est-à-dire que si l'Europe avait fourni ses Mollusques aux Açores, à Madère et aux Canaries, ces iles auraient dû en faire de même à l'égard de l'Europe ; enfin, si le transport des plantes s'était effectué par les courants marins, les Açores posséderaient infiniment plus d'espèces américaines qu'elles n'en possèdent réellement, car le Gulf-stream ne cesse de leur apporter des graines du nouveau monde, entre autres celles du *Mimosa scandens*, entassées souvent en immenses quantités sur les plages de l'île Saint-Michel. Ainsi donc, à moins d'admettre dans les Açores un centre de création, quelle que soit la bannière que l'on arbore, dit M. Fouqué, on devra, dans la question spéciale de l'origine des espèces aux Açores, s'attacher à donner la raison du caractère européen de la flore et de la faune de cet archipel. »

2. ILES DE MADÈRE. — Selon L. de Buch (*loc. cit.*, p. 370), la constitution géologique de l'archipel de Madère, dans la proximité immédiate duquel la mer a une profondeur de 1800 à 2700 mètres, est analogue à celle des Canaries. Cependant il signale dans la partie septentrionale de l'île de Madère, auprès de Saint-Vincent, aussi bien que dans l'île de Porto-

---

[*] L'hypothèse de l'Atlantide est aussi peu soutenable que celle de Dumont d'Urville relativement aux îles de la Polynésie, qui ne seraient non plus que les restes d'un continent submergé. Dans son ouvrage classique intitulé *Espèce humaine* (p. 140), M: de Quatrefages fait observer que les Polynésiens appartiennent à la même race et parlent la même langue ; or, dit le savant naturaliste, l'aire polynésienne est plus étendue que l'Asie entière. Que l'on songe à ce que serait une *Polynésie asiatique*, si ce continent s'enfonçait sous les eaux, ne laissant à découvert que les sommets de ses montagnes, où se réfugieraient quelques représentants des populations actuelles! N'est-il pas évident que chaque archipel, et souvent chaque île, aurait sa race et sa langue particulières! »

Santo, des dépôts calcaires tout à fait semblables à ceux qui se présentent vis-à-vis de Lisbonne, sur la rive méridionale du Tage. Ces dépôts ont jusqu'à 228 mètres de puissance, depuis la partie inférieure des masses basaltiques qui les recouvrent jusqu'à la surface de la mer. Dans l'île de Porto-Santo ils contiennent *Pecten multistriatus* et *glaber* associés à des Turritelles et à des Cônes, ce qui prouve que ce calcaire appartient aux formations les plus récentes, et qu'il a probablement été traversé par les masses de basalte.

La présence sur la côte de Madère et sur celle du Portugal de dépôts modernes, apparemment du même âge, pourrait faire supposer que l'archipel dont il s'agit faisait partie de la péninsule ibérique à une époque assez récente, hypothèse que semble favoriser la découverte que le capitaine américain J. Gorrange (voy. *Mittheil.*, ann. 1877, vol. XXIII, p. 162) vient de faire, à 130 milles marins au sud-ouest du cap Saint-Vincent, d'un banc madréporique au-dessus duquel la mer n'a que 57 mètres (32 fathoms) de profondeur; le flanc est du banc descend rapidement à une profondeur de 2420 mètres (1525 fath.) et 3530 mètres (2700 fath.); mais, dans la direction de l'ouest, le bas-fond paraît se continuer jusqu'au banc de Joséphine situé à soixante-quinze lieues métriques de l'extrémité méridionale du Portugal, et à cent lieues au nord-est de l'archipel de Madère. Or, si l'on parvenait à constater que ce bombement du fond de la mer s'étend jusqu'à cet archipel, il y aurait là un indice de l'ancienne connexion entre ce dernier et le Portugal. On serait peut-être également dans le cas d'admettre une connexion semblable entre l'archipel de Madère et l'Afrique, si la constitution géologique du littoral africain opposé à cet archipel nous était mieux connue. Toutefois il est probable que ce littoral est également composé (en partie du moins) de dépôts relativement récents, car le terrain tertiaire a été constaté à Tanger, et des dépôts quaternaires (peut-être du même âge que ceux de Madère et du Portugal) ont été signalés dans les parages du cap Blanco, opposé à l'archipel de Madère.

3. ÎLES CANARIES. — Parmi les îles de l'Atlantique, les îles Canaries, autour desquelles la mer a une profondeur de 182 à 2640 mètres, sont au nombre des mieux connues, ayant été l'objet d'une exploration célèbre, celle de Léopold de Buch, dont le travail, déjà ancien et considérablement dépassé sous le rapport botanique par MM. Berthelot et Webb, a conservé une grande partie de sa valeur, en tant qu'il concerne l'observation des faits et indépendamment de certaines vues théoriques relatives aux cratères de soulèvement, vues qui n'ont plus dans la science le caractère de loi générale que l'éminent géologue de Berlin avait cru leur avoir assuré, mais

qui n'en sont pas moins applicables à certains cas, ainsi que nous le verrons tout à l'heure.

D'après L. de Buch, les roches trachytiques et basaltiques jouent dans les Canaries un rôle très-différent, selon les îles. Ainsi les trachytes prédominent dans l'île de Ténériffe et dans la grande Canarie, tandis qu'ils manquent à l'île de Palma, exclusivement composée (quant à sa surface) de roches basaltiques. Dans cette dernière île, l'immense cratère connu sous le nom de Caldeira, avec 1300 mètres de profondeur, offre une magnifique section naturelle, qui permet d'y voir de bas en haut : d'abord les roches primitives (granites), puis les trachytes, et enfin des masses stratifiées de substances volcaniques. Or, comme le fait observer Charles Daubeny (*loc. cit.*, p. 626), si les masses volcaniques plus ou moins incohérentes ont pu avoir été accumulées par l'éruption successive des laves et des scories, les granites et les trachytes placés au-dessous doivent avoir été soulevés, car autrement on ne comprendrait pas pourquoi ces roches se trouvent à environ 980 mètres au-dessus de la base de la montagne et, par conséquent, du niveau d'une mer très-profonde. « En présence de tels faits, dit Charles Daubeny, nous ne pouvons nous refuser à admettre que le granite ainsi que le trachyte qui le recouvre ont dû avoir été soulevés du fond de la mer par des agents volcaniques, et ont de cette manière constitué un noyau autour duquel les déjections subséquentes sont venues se déposer. » Quant aux laves plus ou moins récentes, elles sont composées principalement de labrador et de pyroxène ; ce sont par conséquent des roches doléritiques très-voisines du basalte, roches qui se reproduisent dans la majorité des laves de nos volcans modernes (Etna, Vésuve, Somma, Lipari, etc.).

A la seule exception de l'île de Fuerteventura, où se présentent des dépôts calcaires, ainsi qu'une roche d'origine et d'âge énigmatiques contenant de l'amphibole et du feldspath blanc, et enfin une roche composée d'un mélange de mica et de feldspath, mais sans quartz (L. de Buch, *loc. cit.*, p. 315), toutes les autres îles de l'archipel des Canaries ne sont composées que de roches éminemment éruptives, savoir : roches trachytiques et basaltiques. Les quelques dépôts sédimentaires que l'on y aperçoit çà et là sont des dépôts locaux très-récents. Ainsi, dans l'île de Ténériffe, à la partie inférieure des montagnes de Santa-Cruz, on voit un conglomérat renfermant des coquilles fossiles qui appartiennent à la famille des Cônes : ces fossiles, englobés dans la roche, se trouvent aussi sur le rivage de la mer ; or, selon L. de Buch (*loc. cit.*, p. 224), la roche dont il s'agit n'est que le résultat d'une simple agglomération de fragments tombés des parties supérieures de la montagne, et que les vagues accumulent journellement au bord de la mer. De même, dans la grande Canarie, un conglomérat s'élevant à 97-130 mètres au-dessus du niveau de la mer, et renfermant de grosses coquilles qui se retrouvent sur le rivage de la mer (Cônes, Patelles, *Turritella imbricata* Lmk, etc.), est considéré par L. de Buch comme très-récent, mais cependant de nature à indiquer que la surface de la mer a été précédemment à un niveau relatif peu élevé, et que, par conséquent, le soulèvement de l'île a été inégal et périodique.

Malgré l'absence, dans les Canaries, de toute roche ou de tout dépôt qu'on puisse rattacher avec certitude aux époques géologiques anciennes, parmi les blocs divers rejetés par le cratère de Caldeira (île de Palma), figurent des blocs de micaschiste et de granite (L. de Buch, *loc. cit.*, p. 276), ce qui indique qu'ils ont été arrachés au fond de la mer, probablement composé de telles roches.

Les éruptions signalées dans les Canaries pendant l'époque historique sont nombreuses et ont été souvent très-violentes, telles entre autres que celle de 1730 dans l'île de Lancerote, qui dura six années entières, en dévastant presque le tiers de l'île et en recouvrant la surface d'épaisses couches de lave. En 1815, lorsque L. de Buch visita cette île, les foyers souterrains n'avaient pas encore repris leur calme, car le mont Fuego exhalait des vapeurs d'eau bouillante. L'éminent géologue s'assura que la prodigieuse quantité de lave basaltique répandue sur une surface de plus de trois mille lieues carrées avait été vomie par toute une série de cônes, échelonnés de l'est à l'ouest sur une ligne de 2 milles géographiques, et coupant transversalement presque toute l'île.

4. ÎLES DU CAP-VERT. — Ces îles, tout autour desquelles la mer a une profondeur de 182 à 1820 mètres, sont également composées de roches basaltiques, et se trouvent plus ou moins hérissées de cônes d'éruption Selon M. Charles Darwin, dans l'île Santiago, une nappe de basalte recouvre un calcaire pétri de coquilles marines littorales, fort récentes. Le cône d'éruption qui s'élève dans l'île de Fuego est un volcan qui paraît avoir été autrefois, comme Stromboli, en éruption continuelle (L. de Buch, *loc. cit.*, p. 371).

Parmi les principales éruptions récentes figurent celles de 1769, 1785, 1799 et 1817. Cette dernière a été surtout remarquable à cause de l'immense quantité de lave que le volcan vomit par sept bouches.

Quant à la constitution géologique de la côte africaine opposée aux îles du Cap-Vert, elle est encore très-peu connue.

5. ÎLE DE L'ASCENSION. — D'après M. Ch. Darwin (*Geol. Observ. on volc.*

Islands, p. 34, et *Journal and Remarks*, p. 586), les couches trachytiques occupent les parties haute et centrale de l'île, dont le point culminant est représenté par la montagne Verte (*Green mountain*). Presque
tout le tour de l'île est couvert de masses rugueuses, noires, formées par
des courants de lave basaltique, et au milieu de laquelle se montrent encore, çà et là, quelques lambeaux de trachyte. Parmi les fragments rejetés
par le volcan, figurent la syénite, des roches de quartz et de feldspath,
un feldspath blanc avec amphibole, etc. Outre les roches trachytiques et
les laves basaltiques qui constituent la majorité de l'île, on trouve encore
à sa surface beaucoup de collines composées d'une pierre friable, tendre,
semblable à un tuf trachytique, mais sans stratification apparente. Ces
diverses roches sont traversées par d'innombrables filons de 2 à 15 centimètres d'épaisseur, de pierre dure, compacte et un peu vitreuse. La silice,
à l'état de jaspe et de calcédoine, est aussi très-répandue dans les trachytes
altérés, et y forme beaucoup de veines irrégulières.

6. Île de Sainte-Hélène. — Daubeny (*loc. cit.*, p. 462) fait observer
que, tandis que l'île de l'Ascension paraît s'être formée à l'air libre, la
majeure partie de l'île de Sainte-Hélène semble être de formation sous-
marine. En effet, l'île de l'Ascension est composée de coulées de lave qui,
bien qu'elles n'aient pas été vomies depuis les 350 années que l'île est découverte, sont encore aussi fraîches et luisantes, comme si elles venaient
d'apparaître ; les cratères qui les vomirent sont bien délimités et leurs
laves n'offrent point de filons. A Sainte-Hélène, au contraire, on ne saurait
rencontrer le point de départ d'aucune coulée de lave ; on n'y voit que les
débris d'un seul cratère, et les masses basaltiques qui constituent l'île sont
traversées par un réseau serré d'innombrables filons. Comme à Santiago et
dans l'île de Saint-Maurice, de même à Sainte-Hélène, les couches basaltiques forment un rempart circulaire, localement interrompu ; des masses
de lave à feldspath vitreux surgissent dans l'enceinte intérieure de cette
espèce de circonvallation basaltique, représentant probablement les débris
du cratère qui existait jadis au centre de l'île. M. Darwin voit une anomalie
dans le fait qu'ici les roches trachytiques semblent plus récentes que les
roches basaltiques. M. Daubeny l'explique par la différence des milieux dans
lesquels ces deux roches auraient été formées, les premières pouvant s'être
formées à l'air libre et les secondes au-dessous des eaux.

7. Madagascar. — L'île de Madagascar est séparée du continent africain par le détroit de Mozambique, que traversent dans toute sa longueur
deux courants se dirigeant en sens inverse ; il en résulte que les débris

organiques qu'ils charrient ne peuvent échouer que très-rarement sur les deux côtes opposées, en sorte que, sous ce rapport, toute communication entre Madagascar et l'Afrique se trouve presque complétement interrompue.

Grâce aux remarquables travaux de M. Grandidier, nous connaissons assez la structure géologique de cette grande île pour admettre que sa charpente solide est principalement composée de roches cristallines (granites, diorites, schistes micacés, basaltes, etc.), de lambeaux peu nombreux et peu considérables de terrain paléozoïque, et enfin de dépôts jurassiques et tertiaires. Comme les roches anciennes ne s'y trouvent point recouvertes de dépôts plus récents, il s'ensuit que la majorité de l'île, composée de roches cristallines et de dépôts de l'époque jurassique, a dû avoir été soulevée à cette dernière époque et n'a plus été immergée.

Depuis la publication des explorations de M. Grandidier, M. Joseph Mullens a fait paraître (*Proceedings of the Roy. Geogr. Soc.*, ann. 1877, vol. XXI, p. 155) un travail étendu sur les voyages les plus récents effectués par les missionnaires anglais dans diverses parties de Madagascar; et bien que ce travail soit particulièrement consacré aux données ethnographiques et statistiques, il mentionne dans ses conclusions générales (page 171) plusieurs faits intéressants pour la géologie de cette île. Ainsi M. Mullens nous informe que, grâce aux explorations des missionnaires, on connaît maintenant beaucoup mieux la délimitation du grand bombement central dont le granite et le gneiss constituent le noyau; que la vaste terrasse d'argile rouge arénacée, qui sert de ceinture à ce bombement, a été également l'objet d'études précises, et qu'enfin l'espace occupé par les roches éruptives a été trouvé beaucoup plus considérable qu'on ne l'avait cru jusqu'à présent, en sorte, dit M. Mullens, « que bien peu de contrées de l'étendue de Madagascar offrent des phénomènes volcaniques sur une aussi prodigieuse échelle ». Quant aux terrains secondaires, M. Mullens avoue que les savants missionnaires n'ont guère ajouté rien d'important à ce que nous savions déjà à cet égard.

Nous ne connaissons pas assez la constitution géologique de la côte africaine opposée à Madagascar, pour décider la question de savoir si cette île en a jadis fait partie; cependant il est probable que depuis l'émersion des régions centrale et orientale de l'île, émersion qui a dû avoir lieu après l'époque jurassique et avant l'époque crétacée, Madagascar aura conservé sa position insulaire. En tout cas, même la partie la plus récente de l'île paraît être plus ancienne que le littoral africain opposé; en effet, les dépôts tertiaires constituent une bande étroite le long de la côte occidentale de Madagascar, tandis que des dépôts quaternaires revêtent la côte africaine dans les parages des embouchures du Zambèse : ce qui semblerait indiquer que cette partie de la côte africaine était encore immergée à l'époque où le littoral occidental de Madagascar ne l'était plus. Au reste, cela ne s'appliquerait qu'à la portion très-rétrécie de ce littoral occupée par les dépôts quaternaires, car, à peu de distance des embouchures du Zambèse, notamment dans les parages de Sena, les dépôts quaternaires font place aux dépôts jurassiques, dont, à la vérité, on ne connaît encore qu'un lambeau, mais qui pourrait bien s'étendre au nord jusqu'au lac Nyassa et au sud jusqu'à la baie de Delagoa, dans la proximité de laquelle ont été observés des terrains bien plus anciens encore (triasiques et paléozoïques), occupant toute l'extrémité méridionale de l'Afrique, comprise entre la baie de Delagoa et l'embouchure de la rivière Orange. Il est donc à présumer qu'à l'époque (probablement jurassique) où Madagascar devint une île indépendante, une portion du littoral actuel de l'Afrique formait également des masses insulaires soit aussi anciennes, soit plus anciennes que Madagascar.

À l'entrée septentrionale du canal de Mozambique qui sépare Madagascar du continent africain, se trouve le petit archipel des Comores, sur lequel M. J. Hildebrandt (*Zeitschr. der Gesellsch. für Erdk.*, t. XI, ann. 1876, p. 37) a publié quelques observations intéressantes. Parmi les îlots qui le composent, le plus considérable est l'Anaziga (également appelé grand Comore), situé non loin du continent africain. Il paraît même avoir été jadis uni à ce dernier : c'est ce que sembleraient indiquer des hauteurs sous-marines qui s'étendent sous forme de bancs entre l'île et le continent africain, de même que cela a lieu entre l'île de Madagascar et l'île Mayotte, placée à l'extrémité sud-est du petit archipel, dont Zuani (Johanna) et Moali constituent la partie moyenne. La distance peu considérable qui sépare l'archipel des Comores de la côte africaine pourrait faire supposer que c'est à cette dernière qu'il aura emprunté la majorité de sa végétation et de ses animaux ; mais le grand courant équatorial qui, venant des parages de l'Australie, se précipite à travers le canal de Mozambique, élève une espèce de barrière entre Madagascar et le continent africain, et paralyse ainsi l'action que ce continent pourrait exercer. Dans tout le domaine de l'archipel des Comores, les moussons se font sentir encore avec assez de régularité ; le vent nord-est souffle ici dans la mi-décembre, environ quatorze jours plus tard qu'à Zanzibar, tandis que les moussons sud-ouest et sud-est commencent au mois de mai. La période de pluie a généralement lieu de janvier à avril ; puis vient la petite période pluvieuse aux mois de septembre et octobre. Toutefois il y a peu de mois complétement dépourvus de pluie. Dans la région basse, la température oscille entre le minimum de 10 degrés et le maximum de 33 degrés. Juillet et août sont les mois les plus froids et les plus secs, février et mars les plus chauds et les plus humides. Les roches volcaniques constituent particulièrement le petit archipel des Comores; mais elles ne paraissent pas être toutes du même âge : c'est l'île Anizaga dont le soulèvement serait le plus récent. L'île Johanna est en majeure partie occupée par les montagnes, parmi lesquelles le Johanna peak a environ 1570 mètres d'altitude.

Entre l'île Mayotte, qui fait encore partie de l'archipel des Comores, et le littoral occidental de Madagascar, surgit (à environ 3 kilomètres de ce dernier) la petite île de Nossi-bé, qui a été récemment l'objet d'études consciencieuses de la part de M. Ch. Velain (*Comptes rendus*, ann. 1876, t. LXXXIII, p. 1205). Cet îlot est composé de roches volcaniques proprement dites, de roches granitoïdes, de roches schisteuses cristallines et de grès. Les premières, qui se sont épanchées des volcans à cratère, sont développées surtout dans le centre de l'île, et consistent principalement en laves doléritiques et basaltiques, toutes très-riches en pyroxène, mais pauvres en péridot, avec quelques cristaux isolés de noséane et quelquefois renfermant en outre de nombreux cristaux d'un aspect bronzé, fort remarquables, que l'on pourrait considérer comme une variété très-ferrugineuse de l'hyperstène. Les roches granitoïdes qu'on avait d'abord rangées parmi les roches anciennes, offrent tous les caractères de roches éruptives récentes. Ce sont des granulites de nature trachytique, riches en amphibole et renfermant de l'orthose vitreuse (sanidine), du quartz, du microline, du sphène et du mica. « Ces roches, dit M. Velain, analogues à celles que j'ai déjà précédemment signalées sur les côtes de la Tunisie, dans les îles de la Galette, où elles avaient été prises également pour des roches granitiques anciennes, ont commencé la série des éruptions de la période tertiaire. » Enfin M. Velain ne se prononce pas sur l'âge, ni des roches schisteuses cristallines, fortement redressées, plongeant partout sous la mer, ni des grès qui recouvrent ces roches et que M. Herland avait rapportés au terrain houiller, opinion que M. Velain ne partage point. En tout cas, ce savant pense que l'île de Nossi-bé a dû faire autrefois partie de l'île de Madagascar.

8. MASCAREIGNES. — Déjà Bory de Saint-Vincent avait signalé dans l'île de Bourbon deux volcans, l'un, plus petit et encore en activité, situé dans la partie sud-est de l'île, l'autre, volcan éteint nommé le Gros-Morne, situé dans la partie nord-ouest. Le dernier consiste, soit en basalte compacte souvent colomnaire, soit en lave poreuse et en scories; les laves présentent un certain nombre de filons basaltiques, ce qui généralement n'a pas lieu dans les laves de nos volcans actuels. Le volcan en activité est entouré de cônes à cratères, et porte à son sommet deux cratères appelés

Dolomieu et Bory : tous deux étaient en éruption au moment où ce savant les visita. La plupart des laves de l'île renferment beaucoup de feldspath vitreux et sont probablement trachytiques. M. Velain croit avoir constaté (*Bull. Soc. géol. Fr.*, 3° sér., ann. 1877, t. IV, p. 524) la présence du quartz hyalin dans les laves à pâte vitreuse provenant de l'éruption de 1874 ; des laves exactement semblables ont été observées dans les îles Sandwich. Bory de Saint-Vincent signale parmi les matières vomies par le volcan actif une curieuse substance, semblable à un verre fondu étiré en minces filaments. Un jour il vit ces filaments vitreux en si grande quantité, qu'ils formaient un nuage qui enveloppa tout le sommet du volcan, et bientôt Bory de Saint-Vincent se trouva lui-même couvert de petites plaques capillaires, luisantes, ayant la flexibilité et l'apparence de la soie ou de la toile d'araignée. A cette substance étaient mêlées des scories spongieuses et légères, en fragments tantôt de la grosseur d'une cerise, tantôt de celle d'une pomme ; elles tombaient en poussière au moindre toucher. Le savant naturaliste ne considère les filaments vitreux que comme une modification de la lave bulleuse propre à l'île de Bourbon. Il suppose qu'ils ont pu avoir été formés sous l'action de gaz élastiques qu'ils dégageaient dans l'état de fusion partielle, exactement comme on voit se former des filaments de cire à cacheter, lorsque le bâton de cire est brusquement retiré de la surface de cette substance tombée sur le papier et non encore complétement refroidie. Il fut confirmé dans cette manière de voir en observant attachés à ces filaments des globules piriformes parfaitement identiques aux scories vitreuses précédemment mentionnées. Bory de Saint-Vincent fait l'observation intéressante, que les tremblements de terre n'ont lieu dans cette île que dans les parages les plus éloignés des volcans actifs. Depuis le naturaliste français, les îles de Bourbon et de Maurice ont été l'objet d'une exploration récente de la part de M. le docteur Richard de Drasche (voy. *Jahrb. der K. K. Geol. Reichsanst.*, ann. 1875, t. XXV, p. 217 et ann. 1876, t. XXVI, p. 37). Selon les mesures hypsométriques effectuées par le savant autrichien, le cratère Bory (volcan actif) a une altitude de 2625 mètres, et le piton des Neiges (volcan éteint), situé dans la partie occidentale de l'île, 3067 mètres.

M. de l'Isle a découvert dans l'île Bourbon une curieuse roche d'*origine végétale*, qu'il a observée dans une grotte (d'environ 10 mètres de profondeur sur 6 mètres de large) située dans la plaine des Palmistes, à la base du piton des Roches, à 1200 mètres d'altitude. D'après les échantillons rapportés par M. de l'Isle et étudiés par MM. Bureau et Poisson (*Comptes rendus*, ann. 1876, t. LXXXIII, p. 194), cette roche, qui constitue le sol de la grotte sur plus d'un mètre d'épaisseur, consiste en une substance d'une teinte d'ocre jaune, douce au toucher, insipide, inodore, se divisant facilement en fragments très-légers, qui laissent eux-mêmes aux doigts une matière jaune et se réduisant aisément en poussière par la pression ou le frottement. Lorsqu'on approche une allumette d'un des fragments, il brûle, s'il est très-sec, avec une flamme fort courte, presque sans fumée et sans odeur. Étudiée au microscope, cette substance se présente composée exclusivement de petits corps que MM. Bureau et Poisson considèrent comme provenant de spores de Fougères de la famille des Polypodiées. « C'est pour la première fois sans doute, disent MM. Bureau et Poisson, que l'on voit une roche ou une couche du sol présenter une semblable composition. » Les deux savants pensent que, eu égard à la cohésion de ces spores, elles doivent avoir été accumulées par l'eau et non par le vent.

La montagne principale de l'île Maurice est, d'après Bory de Saint-Vincent, le Piton, qui a une forme régulièrement conique; les autres montagnes, dont la plus élevée est le Pierre-Botte, constituent une chaîne qui traverse l'île; elles sont toutes volcaniques, composées soit de basalte soit de lave récente. Les roches basaltiques affectent souvent une structure prismatique et sont traversées de filons; elles constituent la charpente solide de l'île, s'élèvent à environ 1000 mètres; les laves récentes au contraire paraissent avoir coulé dans les vallées flanquées par les abruptes masses basaltiques et forment une surface plane, probablement de 325 mètres d'altitude. Les montagnes basaltiques s'échelonnent en une série de remparts, s'étendant, à quelques interruptions près tout autour de l'île; leurs couches plongent vers la mer et leurs escarpements font face au centre de l'île. Dans les régions septentrionales, plusieurs points littoraux sont composés de calcaire cristallin d'âge très-récent, ce qui prouverait que ces parties de l'île se trouvaient encore immergées à une époque géologiquement peu reculée, et que par conséquent la mer baignait alors le pied des montagnes basaltiques situées aujourd'hui à une certaine distance d'elle.

La flore de l'île Maurice vient d'être l'objet d'un travail important de la part de M. J. G. Baker (*Flora of Mauritius and the Seychelles*, London, 1877). Ainsi que le fait observer ce savant distingué, Maurice offre un contraste très-prononcé avec les îles de Bourbon et de Madagascar, tant sous le rapport orographique que sous celui de la végétation, bien que la distance entre Maurice et Madagascar ne soit que d'environ 25 lieues métriques et seulement de 5 lieues métriques entre Maurice et Bourbon. Malheureusement le caractère original de la flore de Maurice a été presque complétement effacé depuis l'époque (1598) de la découverte de cette île; les forêts qui revêtaient complétement cette dernière ont disparu, et la culture de la Canne à sucre, introduite en 1740, a supplanté toute autre culture. Il en résulte que la flore indigène de Maurice n'est plus qu'un minime débris de celle qui y existait il y a un siècle. M. Baker (*loc. cit.*, p. 15) porte à 869 le nombre des espèces constatées aujourd'hui dans l'île. Sur ce nombre beaucoup d'entre elles endémiques.

M. B. Drasche (*loc. cit.*) ne croit pas que les îles de Bourbon et de Maurice aient jamais été réunies, mais qu'au contraire chacune représente un foyer volcanique indépendant. Le savant autrichien signale dans les marais de l'île Maurice un grand nombre de restes plus ou moins conservés d'Oiseaux et de Tortues appartenant à des espèces éteintes, et il nous apprend que les bords de ces marais sont composés d'une brèche osseuse. Sans doute l'étude de tous ces restes organiques fournira des résultats d'autant plus intéressants, que les îles de Maurice et de Bourbon sont célèbres par le nombre des espèces animales disparues pour ainsi dire sous nos yeux. ainsi, dans le courant du XVIIe et du XVIIIe siècle, l'île Maurice n'a pas vu s'évanouir moins de cinq espèces d'Oiseaux, savoir : le fameux Dronte (*Didus ineptus*), la Foulque, le Géant, un grand Perroquet et l'*Aphanopterix*, de même que l'île Bourbon compte au nombre d'espèces ornithologiques perdues : un Dronte blanc voisin de celui de Maurice et un Oiseau bleu voisin du Solitaire. Enfi, sur les 85 espèces d'Oiseaux que M. Filhol a rapportées de la Nouvelle-Zélande, des îles Viti (Fidji) et de la Nouvelle-Calédonie (*Comptes rendus*, ann. 1877, t. LXXXIV, p. 860), plusieurs sont près de disparaître et n'existeront que dans nos musées ; parmi ces témoins d'une nature presque contemporaine, mais déjà éteinte, M. Filhol a amené en France deux espèces de *Dinornis* qui survivront, mais seulement par leurs squelettes.

Des phénomènes semblables se sont produits également dans plusieurs autres archipels océaniques ; mais nulle part, peut-être, ils n'offrent autant d'intérêt que dans la petite île volcanique de Rodriguez (située à l'est des Mascareignes), parce que la nature des agents destructeurs aussi bien que l'époque de leur action y peuvent être déterminées avec exactitude, ce qui fournit un exemple très-instructif de l'étendue et de l'importance des modifications apportées par la seule action de l'homme à la faune et à la flore d'un pays, modifications tout aussi considérables que celles qu'on a cru souvent ne pouvoir expliquer qu'à l'aide d'hypothèses les plus hardies et les plus gratuites. Or, il résulte de l'examen fait par M. Alph. Milne Edwards (voy. *Comptes rendus*, ann. 1873, t. LXXVII, p. 810, et ann. 1875, t. LXXX, p. 1212) des ossements fossiles recueillis dans cette île, que sa faune a éprouvé un singulier changement depuis deux siècles, car parmi ces ossements on reconnaît parfaitement beaucoup d'animaux qui, vers la fin du XVIIe siècle, avaient été signalés comme vivants par Leguat, voyageur français, mais qui aujourd'hui n'y existent plus. Dans ce nombre figurent plusieurs Oiseaux qui du temps de Leguat étaient très-fréquents, entre autres celui que ce voyageur avait signalé sous le nom de Gelinotte, et dont M. Alph. Milne Edwards a fait son genre Erythromaque ; puis quelques Rapaces nocturnes et des Psittaciens, tels qu'un grand Perroquet que le savant zoologiste a nommé *Psittacus rodericanus.* « La végétation, dit-il, y a changé aussi de caractère, car les beaux arbres dont parle Leguat ont pour la plupart fait place à des broussailles. » Or, M. Alph. Milne Edwards est parvenu, à l'aide de précieux documents historiques, à préciser l'époque à laquelle ce remarquable changement eut lieu, savoir : l'époque comprise entre 1730 et 1760, pendant laquelle l'action dévastatrice de l'homme a suffi pour faire disparaître de l'île la majeure partie des animaux et des végétaux qui l'habitaient. D'ailleurs l'homme modifie non-seulement la flore et la faune, mais encore les conditions de sa propre race. Ainsi, tandis que les Polynésiens disparaissent à vue d'œil, leurs mariages devenant de moins en moins féconds et leur mortalité s'accroissant d'une manière effrayante, les Européens progressent rapidement dans les îles du grand Océan, et avec eux les animaux et les végétaux du Nord, qui les accompagnent et qui refoulent la faune et la flore indigènes ; phénomène remarquable qui réfute d'une manière éclatante la théorie de l'autochthénisme si victorieusement combattue par M. de Quatrefages dans son beau livre sur l'*Espèce humaine* *.

Dans son ouvrage sur la flore de Maurice et des Seychelles, M. Baker donne sur l'île Bodriguez des renseignements importants. Son climat est celui de Maurice. La surface du sol rocailleux est presque dépourvu

---

* Les exemples fournis par les Mascareignes de l'extinction contemporaine de certaines formes animales ont encore cela de fort intéressant, que ce phénomène ne paraît être, jusqu'à un certain point, que la reproduction par l'action de l'homme de semblables phénomènes opérés jadis par des causes physiques. Tel est notamment le cas dans le nouveau monde à l'égard du Cheval, ainsi que nous l'ont fait connaître les importantes découvertes paléontologiques faites par le docteur H. Burmeister dans la formation pampéenne de Buenos-Ayres (voy. *Die fossile Pferde der Pampasformation*, Buenos-Ayres, 1875). Le savant directeur du musée de cette ville a constaté dans les dépôts diluviens de la république Argentine 2 espèces du genre Cheval (*Equus curvidens* Ow. et *E. argentinus* B.) très-voisines de notre Cheval domestique (*Equus Caballus*) et associées à deux autres espèces du genre *Hippidium*, qui ne diffère que peu du genre Cheval. Or on sait que le Cheval n'existait point en Amérique à l'époque de la découverte du nouveau monde et n'y fut introduit que par les Européens.

d'arbres et d'arbustes. A la partie sud-ouest de l'île s'étend une plaine basse de calcaire madréporique habitée par plusieurs des espèces endémiques de l'île, telles que *Nesogenes*, *Abrodanella* et deux espèces d'*Hypœstes*. Le total de la flore peut être estimé selon M. Baker (*loc. cit.*, p. 17), à 202 espèces (Phanérogames et Fougères), dont 36 sont propres à l'île (18,8 pour 100) et 3 constituent des genres monotypes (*Mathurinia Scyphoclamys* et *Tænulepis*. La proportion des Fougères et des Orchidées est notablement moins forte qu'à Maurice.

Quant aux anciennes relations entre l'archipel des Mascareignes et les continents ou îles limitrophes, des considérations puisées dans le caractère de la faune de cet archipel portent M. Alph. Milne Edwards (*Comptes rendus*, ann. 1874, t. LXXIX, p. 1647) à admettre que les Mascareignes n'ont jamais été en communication directe, ni avec Madagascar, ni avec l'ancien continent, ni enfin avec l'Australie ; cependant il pense qu'il n'est pas impossible que Madagascar ait reçu une faible portion de sa population zoologique ancienne d'une terre en communication avec l'Afrique. En tout cas, selon le savant zoologiste, les faunes de Madagascar, des Mascareignes et de l'Afrique australe constituent trois faunes complétement distinctes.

9. SEYCHELLES. — La composition géologique de ce petit archipel est encore peu connue ; tout ce que nous en savons, c'est que le granite constitue la roche dominante de la trentaine d'îlots qui le composent et dont quelques-uns s'élèvent à une altitude de 800 à 950 mètres. Par contre, la végétation des Seychelles vient d'être soigneusement étudiée par M. Baker dans l'important ouvrage déjà plus d'une fois cité par nous, et qui fournit également quelques données sur les conditions climatériques de cet archipel. La température y est semblable à celle de l'île de Maurice, le maximum diurne à l'ombre étant de 26°,6 à 30°,5, et le minimum de 21° à 23°,3. La quantité annuelle de pluie tombée peut être évaluée à 105 centimètres, dont la majeure partie est fournie par la mousson nord-ouest qui souffle d'octobre à avril. L'ensemble du caractère végétal est décidément tropical et l'on n'y trouve plus aucune des formes des climats tempérés qui se présentent (en petit nombre à la vérité) dans l'île de Maurice. Le total des espèces phanérogamiques et des Fougères dans les Seychelles est porté par M. Baker (*loc. cit*, p. 16) à 338, parmi lesquelles six genres sont endémiques, appartenant, à l'exception d'un seul, à la famille des Palmiers.

total des espèces endémiques est de 60 (17 3/4 pour 100), dont 14 Rubiacées, 3 Pandanées et 8 Cryptogames vasculaires. En dehors des 60 espèces endémiques. 20 à 30 espèces constituent des types caractéristiques pour les

Mascareignes, et le reste des 250 espèces sont pour la plupart des plantes ayant une aire étendue.

Comme les roches granitiques qui forment le principal élément constitutif de la charpente solide des Seychelles composent également l'extrémité septentrionale de Madagascar, il serait possible qu'à une époque géologique assez ancienne, ces deux archipels eussent été réunis. Quant à la constitution géologique de la côte africaine opposée aux Seychelles, dont ces îles sont séparées par une distance d'environ 30 lieues métriques, elle est encore presque complétement inconnue.

10. ÎLES SANDWICH. — Cet archipel consiste en onze îles, dont quatre grandes, quatre de moyenne étendue et trois petites. Ces îles se trouvent échelonnées de manière à donner à l'archipel la forme d'un ovale allongé de l'O. N. O. au S. E. S., et ayant dans cette direction environ 875 lieues métriques. Toutes ces îles sont baignées presque de tous côtés, par le courant équatorial nord, qui coule de l'est à l'ouest et n'est qu'une déviation du grand courant Kuro-Sivo, venant de la mer du Japon et y retournant après s'être heurté contre le littoral occidental de l'Amérique; il s'ensuit que c'est plutôt à l'Amérique qu'à l'Asie que ce courant rattache les îles Sandwich. La profondeur de la mer tout autour de ces îles peut être représentée, d'après la carte de M. Petermann (*Mittheil.*, vol. XXIII), par deux bandes étroites plus ou moins concentriques, dont l'une bordant immédiatement les îles, à une profondeur de 0-1820 mètres (0-1000 fathoms), et l'autre de 1820-2640 mètres (1000-2000 fath.); en dehors de cette deuxième bande, la profondeur de la mer descend brusquement à 2640-5460 mètres (2000-3000 fath.).

Dans son grand ouvrage sur les îles de l'océan Pacifique (*Die Inseln des Stillen Oceans*, etc., vol. II, p. 27), M. le professeur Meinicke a réuni toutes les données que nous possédons sur les célèbres volcans des îles Sandwich, données auxquelles viennent s'ajouter celles qui ont été fournies, depuis la publication de cet ouvrage, par les récentes explorations de M. Birgham effectuées dans l'île de Hawaï, et qui modifient et complètent considérablement les travaux de ses prédécesseurs, tels que MM. Wendt, Kotzebue, Sawkens, Douglas, Gardner, etc. Ce sont les quatre volcans suivants de l'île Hawaï, qui occupent, parmi les volcans connus de notre globe, une place des plus importantes : Maunakea (4532 mètres ou 13953 p., selon Birgham), Maunaloa (4469 mètres ou 13 760 p., id.), Mauna Hualalaï (2588 mètres ou 8275 p. id.), et Kidawea (790 mètres ou 3970 p. id.). Parmi ces volcans, le Maunakea, le plus élevé de tous (bien qu'il n'atteigne point la ligne des neiges perpétuelles, en dépit de son nom qui signifie *montagne blanche*), est éteint depuis longtemps, tandis que Maunaloa, Mauna Hualalaï, mais surtout Kilawea, sont encore en pleine activité.

L'éruption la plus récente du Maunaloa eut lieu en 1872 (voy. *Neues Jahrb. für Mineralogie*, etc., de G. Leonhard, ann. 1874, p. 163); et quant au Kilawea, il constitue un phénomène unique dans son genre : tout son appareil éruptif se trouve réduit à un cratère, ayant pour base, non un cône, mais la surface du sol même. Ce singulier cratère se présente tantôt rempli de lave jusqu'aux bords, tantôt plus ou moins vide. Il est situé au milieu d'une plaine où il forme une dépression ovale de 300 mètres de profondeur, dirigée du nord-nord-est au sud-sud-ouest. La plaine, composée de masses volcaniques, est sillonnée de nombreuses crevasses d'où s'échappent des vapeurs d'eau et de soufre; on n'y voit que quelques Graminées ou de chétives broussailles, notamment le *Vaccinium penduliflorum*, si caractéristique du sol volcanique de cette contrée. Le fond même du cratère est hérissé d'un grand nombre de petits cônes lançant à de courts intervalles des fusées de lave; enfin, l'extrémité méridionale du cratère se termine par un vaste lac de lave bouillante appelé Halemaumam. De semblables lacs, mais plus petits, se produisent quelquefois en grand nombre (on en compte déjà 60) dans la proximité du bord septentrional du cratère. Le flux et le reflux continuels de ces masses bouillantes, traversées par les fusées enflammées que lancent les petits cônes de l'intérieur, constituent, surtout au milieu des ténèbres de la nuit, un tableau dont aucun pinceau, aucune description ne saurait donner une idée quelconque.

Nous devons à M. Birgham une description très-intéressante des différentes coulées de laves qui traversent en tout sens l'île de Hawaï; la carte que M. Petermann (*Mittheil.*, ann. 1876, vol. XXII) a jointe au résumé qu'il a publié des remarquables explorations du savant anglais, fait voir d'une manière graphique la direction et les contours des torrents de laves sortis du grand renflement qui constitue le Maunaloa, situé presque dans la partie centrale de l'île et dont le sommet porte le cratère de Makuaweoweo. C'est des différents points de cet énorme renflement que sont issues ces puissantes traînées de laves qui rayonnent dans toutes les directions de l'île et dont quelques-unes atteignent la côte; elles constituent six torrents principaux se rapportant aux années 1823, 1832, 1843, 1855, 1859 et 1868 (la carte ne marque point les laves de 1872). Un torrent assez considérable est sorti en 1801 du Mauna Hualalaï et s'est accumulé en une large barrière le long de la côte.

Il est peu de contrées sur notre globe où les phénomènes volcaniques aient conservé jusqu'à nos jours, autant que dans l'archipel Sandwich, toute l'énergie de leur activité. Les relations des journaux et des voyageurs ne cessent de nous en donner de nombreux témoignages. Ainsi M. C. W. C. Fuchs nous apprend (*Jahresb. der K. K. Geol. Reichsanst.*, ann. 1877, vol. XXVII, p. 83) que le 11 août 1875, une éruption de lave avait commencé à se produire dans le Makuaweoweo, cratère terminal du Maunaloa; au mois de mars de l'année 1876, les phénomènes éruptifs continuaient à se manifester et même s'étaient communiqués au Kilawea. M. le Dr Max Buchner, qui se trouvait au mois de septembre 1876 dans l'île de Hawaï, nous apprend (*Verhandl. der Gesellsch. für Erdk.*, ann. 1877, vol. IV, p. 74) que le Kilawea était à cette époque dans un état d'agitation croissante, ce qui prouverait que l'éruption de l'année 1875 avait non-seulement conservé son intensité, mais encore avait considérablement gagné de terrain. Enfin, les journaux anglais rapportent, sur l'autorité de la *Gazette de Honolulu* (du 28 février 1877), une formidable éruption dans la baie de Kealakeakana, près de l'entrée du port; la catastrophe eut lieu à trois heures après midi, le 24 février 1877, sous forme de jets nombreux de flammes rouges, vertes et bleues. Après midi, l'eau de la mer était extrêmement agitée, elle bouillonnait et rejetait des morceaux de lave incandescente. Pendant la nuit où l'éruption eut lieu, la ville de Kanakakiel éprouva une violente secousse de tremblement de terre.

Nous sommes bien loin, malheureusement, de posséder sur la composition minéralogique et même sur l'âge relatif de ces divers volcans, des données aussi précises que sur leurs conditions plastiques et hypsométriques. M. E. Chevalier (*Voyage autour du monde de la corvette* la Bonite considère l'île de Hawaï (située à l'extrémité sud-est de l'archipel) comme la plus récente du groupe, et rapporte que, d'après une ancienne tradition, cette île avait été couverte par la mer, excepté le sommet du Maunakea, où deux êtres humains, sauvés de la destruction générale, étaient devenus la souche de la population actuelle. Tradition curieuse, qui prouverait, que la légende biblique de Noé, connue également dans les légendes des Indiens du nouveau monde, se retrouve encore ici, au milieu des îlots perdus dans l'immense Océan!

L'opinion de M. E. Chevalier relative à l'âge de l'île Hawaï n'a pas été acceptée par plusieurs géologues, qui pensent au contraire (voy. Meinickie *loc. cit.*, vol. II, p. 272) que ce sont les îles orientales de l'archipel qui sont les plus anciennes, et que les îles occidentales sont d'origine sous-marine. M. Gardner signale dans le cratère de Kilawea des blocs de granite enveloppés par la lave, et M. Douglas a observé également des blocs de grès. Or, comme aucune trace de dépôts sédimentaires ni d'anciennes roches cristallines n'a encore été constatée dans l'île de Hawaï, ces blocs doivent avoir été arrachés aux profondeurs de la mer.

Tout ce que nous savons de la composition des laves des îles de Sandwich se borne à des données plus ou moins générales ou incomplètes. Daubeny (*loc. cit.*, p. 424) rapporte, sur l'autorité de Strzelizki, que les laves du cratère de Kilawea renferment du labrador, de l'orthoclase et de l'albite réunis ensemble. Selon M. Meinickie (*loc. cit.*), la majorité des laves de l'archipel est basaltique, tandis que dans l'intérieur des montagnes, prédominent les trachytes et les phonolites.

Les îles Sandwich ont, dans ces derniers temps, servi de point de départ à de nombreuses explorations bathométriques dont les résultats ont été résumés dans le journal américain des sciences et des arts (*American fournal of Sciences and Arts*, ann. 1876, vol. XI, p. 161). Voici quelques-unes des principales lignes de sondage. Entre les îles Sandwich et la Californie, la profondeur de la mer a été trouvée de 4931 mètres (15180 p.), avec un minimum (sur le point central de cette ligne) de 4223 mètres (13000 p.); entre les îles Sandwich et les îles Bonnin (au sud du Japon), une profondeur minimum (sous 177° de longit. E.) de 2156 mètres (6650 pied.); entre 177° de longit. E. et les îles Sandwich, une profondeur moyenne de 5199 mètres (16000 p.), tandis qu'à 80 milles des îles Sandwich, au sud de Kavaï, la profondeur de la mer est de 4548 mètres (14000 p.); entre 177° longit. E. et les îles Bonnin, moyenne de 5489 mètres (16900 p.), avec maximum de 6699 mètres (19720 p.); sur une ligne tracée au nord des îles Sandwich, entre 22° et 38° lat. N., moyenne de 5522 mètres (17000 p.), et environ 5197 mètres (16000 p.) entre ce dernier point septentrional et le Japon. Un maximum de 7406 mètres (22800 p.) fut constaté à 180 milles du Japon, et un minimum de 3808 mètres (12000 p.) à environ 178° de longit. E. Enfin, comme résultat général des nombreux sondages effectués dans toutes ces directions, on peut admettre pour la région septentrionale de l'océan Pacifique une profondeur moyenne de 5262 mètres (16200 p.).

11. ILES FIDJI. — Tout autour des îles qui composent cet archipel, la profondeur de la mer est de 0-1820 mètres (0-1000 fathoms), mais la mer comprise entre l'archipel et le littoral de l'Australie est traversée par des bandes bathométriques qui varient de 2640 mètres à 7680 mètres (2000-4000 fathoms). L'archipel Fidji consiste en un très-grand nombre d'îles qu'on porte au chiffre de 200 à 230, dont 15 plus grandes. Toutes ces îles, de même que la Nouvelle-Calédonie, sont baignées par le courant équatorial sud qui se dirige de l'est à l'ouest, et par conséquent vient des parages littoraux de l'Amérique ; cependant il est séparé de ces derniers par le courant froid antarctique. Les îles Fidji ne possèdent que des montagnes qui

ne dépassent guère 1300 mètres d'altitude ; les roches dominantes sont de nature volcanique, telles que trachytes, basaltes, tufs, etc., sans que cependant on y ait constaté d'éruptions à une époque historique. D'autre part, M. Macdonald (*Journ. of the Geogr. Soc.*, XXVII, p. 260) signale dans l'île Vitilivu des dépôts de grès fossilifère très-étendus, mais sans en désigner positivement l'âge ; de même que M. Graefe (*Reisen im Innen der Insel Vitilivu*, p. 27, 40, 41) indique, dans l'intérieur de cette île, une roche bleuâtre avec empreintes végétales, ainsi qu'une autre roche rappelant l'oolithe. Enfin, la présence de la houille a été également, mentionnée dans ces îles, quoique d'une manière très-vague (voy. *Nautical Magazine*, XXXVII, p. 658). Il est donc évident qu'une partie de l'archipel des Fidji contient des dépôts sédimentaires dont quelques-uns, selon toute apparence, appartiennent à l'époque paléozoïque.

Quand on considère que l'archipel des Fidji n'est séparé de la Nouvelle-Calédonie que par un espace de 260 lieues et de 300 lieues de la Nouvelle-Zélande, îles où les terrains de l'époque paléozoïque ont été constatés, il devient probable qu'il y ait eu avant cette époque une jonction entre les trois archipels ; la séparation a pu avoir été opérée par les agents volcaniques qui y ont joué un si grand rôle.

12. NOUVELLE-CALÉDONIE. — Tout autour de la Nouvelle-Calédonie, la mer a une profondeur de 0-1820 mètres ; mais, tant entre la Nouvelle-Zélande et la Nouvelle-Calédonie qu'entre cette dernière et le littoral de l'Australie, la mer est sillonnée par des bandes bathométriques plus ou moins étroites, ayant de 1820 à 7680 mètres de profondeur (voy. la carte de M. Petermann).

Il résulte des travaux importants publiés sur la géologie et la paléontologie de cette île, par MM. E. Delongchamp et J. Garnier, qu'elle est principalement composée de roches cristallines anciennes, ainsi que de terrains de transition non suffisamment déterminables, à cause d'un mélange de fossiles carbonifères et triasiques. Comme tant les roches cristallines que les dépôts sédimentaires de la Nouvelle-Calédonie se trouvent plus ou moins reproduits sur le littoral oriental de l'Australie, éloigné de 300 lieues de la première, il est possible qu'il y ait eu jonction entre les deux îles ; en tout cas, l'émersion de la Nouvelle-Calédonie n'a pu avoir lieu plus tard que l'époque triasique, et il est probable que cette dernière île aura (en grande partie du moins), conservé sa position insulaire pendant la majorité des périodes géologiques subséquentes.

D'après M. E. Hurteau (*Bulletin de la Soc. de Géogr*, numéro de décembre 1876), c'est à la Nouvelle-Zélande que la Nouvelle-Calédonie aurait

jadis été réunie, de même que les îles Norfolk et de King. Le savant ingé-
nieur des mines considère la constitution géologique de la Nouvelle-Calédonie comme très-analogue à celle de l'île sud de la Nouvelle-Zélande, et
il pense que les deux îles ne sont que les restes d'une grande chaîne de
montagnes dont la portion intermédiaire aura été immergée ou détruite.

Avant de quitter la Nouvelle-Calédonie, je crois devoir mentionner le
groupe d'îlots situés non loin de l'extrémité nord-ouest de cette grande île,
et parmi lesquels ceux nommés Huon et Surprise viennent d'être l'objet de
quelques observations de la part du R. P. Montrouzier (*Bull. Soc. géogr.*,
loc. cit.), qui y signale une faune et une flore remarquables par leur
extrême pauvreté; il n'y a vu que dix espèces d'animaux, dont deux espèces
de Reptiles et huit espèces d'Oiseaux qui, bien que presque tous palmipèdes,
perchent néanmoins et font leurs nids sur les arbres. Quant à la flore, elle
ne serait composée que de vingt espèces, parmi lesquelles une seule n'a pu
être déterminée, toutes les autres sont communes aux îles voisines et existent à la Nouvelle-Zélande; enfin, l'absence complète de Fougères. Cette
pauvreté en espèces et en formes locales contraste avec la richesse et l'originalité de la flore et de la faune de la Nouvelle-Calédonie, qu'un espace
d'environ 12 lieues seulement sépare des îlots. Il est vrai qu'ils sont de formation madréporique et, selon toute apparence, émergés depuis peu de temps,
tandis que la Nouvelle-Calédonie remonte à une époque très-reculée, en
sorte qu'il y a là parfaite concordance entre l'âge géologique et la nature
de la flore et de la faune. Mais le fait même de cette concordance est déjà
d'un certain intérêt, attendu qu'il se présente si rarement parmi les îles
océaniques, où l'âge géologique paraît le plus souvent exercer peu d'influence sur le caractère de la flore et de la faune.

13 et 14. ÎLES DE NORFOLK DE DE CHATHAM. — La constitution géologique
de l'île de Norfolk est encore très-peu connue, car tout ce que nous en savons se réduit à quelques données vagues fournies par Forster, qui dit y
avoir observé des laves et des roches semblables à celles qui dominent dans
la Nouvelle-Zélande. Il serait donc vraisemblable que les roches dont parle
le savant voyageur fissent partie du terrain paléozoïque, et que, par conséquent Norfolk fût à cette époque jointe à la Nouvelle-Zélande. Il en est probablement de même de l'île Chatham dont la flore et la faune sont d'ail-
leur éminemment néo-zélandaises.

On a signalé dans l'île Chatham non-seulement des roches volcaniques,
mais encore des schistes à facies paléozoïque, ainsi que des dépôts tertiaires.
Dans les conglomérats d'origine diverse que présente l'île Chatham,
M. Ch. Darwin (*Volc. Islands*, p. 98) a constaté un minéral très-analogue

à la *pélagonite*, silicate hydraté découvert par M. de Waltershausen, en
Sicile et en Islande, où des dépôts considérables de tuf sont composés de
cette substance. Elle renferme beaucoup d'Infusoires, et c'est pour cette
raison que M. Bunsen la croit produite par l'action des eaux thermales.

A environ 212 lieues métriques, à l'O. S. O. de Norfolk, mais à une
distance bien moins considérable de la côte orientale de l'Australie, se
trouve la petite île de Lord Howe, que M. Robert Fitzgerald vient de soumettre à une nouvelle exploration (*Zeitschrift der Gesellsch. für Erdk.*,
vol. XII, p. 153) qui complète les renseignements fournis par M. Max More
et rapportés par M. Grisebach dans sa note 60, page 829. M. Fitzgerald con-
firme le fait intéressant signalé par son prédécesseur, savoir : que la flore
de l'île Howe, que M. Fitzgerald déclare remarquablement riche et variée,
diffère beaucoup plus de celle de l'Australie que de celle de Norfolk. Parmi
les arbres les plus remarquables de l'île Howe, M. Fitzgerald mentionne
le *Lagunaria Petersoni*, ayant de 16 à 17 pieds de hauteur et 15 pieds
de circonférence, dimensions que n'atteint peut-être aucune Malvacée
connue. Les Fougères, beaucoup plus fréquentes dans le midi que dans le
nord de l'île, et dont M. Fitzgerald compte 20 espèces, ont dans leur ré-
partition cela de particulier, qu'elles ne se présentent qu'en individus isolés
ou tout au plus en petits groupes détachés, bien que c'est précisément au
développement des Fougères que l'île Howe offre les conditions les plus
favorables ; ainsi l'*Adiantum æthiopicum* n'a encore été observé que sur un
seul point, de même que le *Nephrodium molle* sur le bord d'un seul puits.
Les Orchidées sont très-rares et ne comptent que deux ou trois espèces.
On cherche vainement dans l'île une de ces formes si caractéristiques pour
l'Australie, telles que *Banksia, Eucalyptus, Xanthorrhœa* ; les Protéacées
n'y sont représentées que par un petit *Melaleuca*. En revanche, le *Ficus
columnaris*, que M. Fitzgerald qualifie avec raison de merveille botanique,
déploie dans l'île Howe toute la splendeur de son originale végétation ;
on y voit s'étendre à travers les vallées et les collines le réseau gigantesque
formé par les axes et les colonnes innombrables auxquels donnent naissance
les racines adventives des branches horizontalement étalées de l'arbre, de
manière qu'en plongeant successivement dans le sol, ces racines finissent
par rendre complétement méconnaissable le tronc mère, et constituent ainsi
une forêt labyrinthique.

Le phénomène curieux que présente la flore de l'île Howe, en repro-
duisant le caractère de celle de Norfolk et non de celle de l'Australie,
beaucoup moins distante de la première que de la dernière de ces deux
îles, suggère l'idée qu'au lieu d'avoir fait partie de l'Australie, l'île Howe
ne présente au contraire qu'un débris dont les îles Norfolk, Chatham,

Campbell, Auckland, etc., étaient autant d'éléments constitutifs ; en sorte que si ces îles avaient jamais été jointes à l'Australie, elles ont dû en avoir été détachées avant l'apparition de la vie végétale.

15. NOUVELLE-ZÉLANDE. — La côte orientale de la Nouvelle-Zélande est baignée par une branche du courant équatorial sud qui se dirige parallèlement à cette côte, tandis que le littoral occidental est baigné par le courant antarctique froid. Bien que située dans la zone subtropicale, la Nouvelle-Zélande est caractérisée par de grandes divergences climatériques qui sont le plus souvent indépendantes des conditions d'altitude. Selon M. Meinickie (*Die Inseln des Stillen Oceans*, vol. I, p. 248), dans la région méridionale de la Nouvelle-Zélande, le climat subtropical passe au climat tempéré, et les contrastes les plus prononcés se manifestent entre les côtes orientales et occidentales, les dernières étant beaucoup plus humides, à cause de la prédominance des vents d'ouest. En général, les vents qui règnent dans la Nouvelle-Zélande sont, d'une part les vents du nord et du nord-ouest, et d'autre part les vents du sud et du sud-est, mais les premiers l'emportent de beaucoup sur les derniers. Les vents du sud-est prédominent en été et les vents du sud-ouest en hiver ; ces derniers donnent lieu à de violents orages et sont toujours accompagnés de vapeurs aqueuses. Le tableau suivant fait ressortir les traits principaux du caractère climatérique de la Nouvelle-Zélande, car les six localités, dont les moyennes offrent assez peu de concordance, ne diffèrent pas beaucoup sous le rapport altitudinal et se trouvent sur les points les plus divers des deux grandes îles qui composent la Nouvelle-Zélande.

LOCALITÉS.	Printemps.	Été.	Automne.	Hiver.	Année.	Pluie en millim.	Jours de pluie.
Mongonui	15,2	19,1	16,9	12,4	16,6	1,5	»
Auckland.....	14,7	20,1	16,7	11,7	15,6	1,3	177
Wellington...	12,5	17,3	13,6	8,9	13,1	1,5	146
Nelson.......	12	17,2	13,4	9,2	12,8	1,7	92
Christchurch..	12,6	16,4	12,8	6,8	12,5	0,9	113
Dundin	10,2	11,1	10,8	9	10,1	9,8	178

Tout autour de la Nouvelle-Zélande, la profondeur de la mer est de 0-1820 mètres (1000 fathoms), mais, à environ 150 lieues métriques à l'ouest de l'archipel, il se présente une bande étroite où la profondeur atteint un maximum de 2640 mètres ; puis vient une autre bande plus large de 2640 à 5460 mètres (2000-3000 fathoms), et enfin, dans les parages

littoraux de l'Australie, la profondeur diminue et n'a plus que de
01820 mètres, comme dans la proximité immédiate de l'archipel. Quant
à la constitution géologique de la Nouvelle-Zélande, il résulte des travaux
de MM. Hector, Haast, Hutton, W. Mantell, mais surtout de ceux de
M. de Hochstetter, que cet archipel est composé de roches cristallines
(granite, gneiss, micaschiste, etc.), de dépôts appartenant aux époques paléozoïques, tertiaires et quaternaires, et enfin de roches volcaniques. Ces dernières recouvrent de grandes parties des îles ; le basalte et les tufs porphy-
riques se sont déversés pendant les temps tertiaires ; l'île du nord est à moitié volcanique, et la province d'Auckland abonde en volcans remarquables,
si habilement retracés par M. de Hochstetter. Malheureusement les formations
sédimentaires de la Nouvelle-Zélande ne se prêtent pas encore à une détermination bien précise ou définitive. Ainsi la classification des terrains paléozoïques y offre tant de difficultés et a été pour les géologues l'objet d'opinions
tellement divergentes, que tandis, que les uns n'y voient que les représentants des terrains les plus anciens (le carbonifère y compris), d'autres ont
cru non-seulement pouvoir y distinguer le trias, mais même reconnaître un
passage imperceptible de l'époque paléozoïque à l'époque secondaire, notamment au jurassique et au crétacé. Ce qui, dans l'état actuel de nos connaissances, enlève tout espoir de classer les terrains anciens de la Nouvelle-
Zélande d'après les caractères paléontologiques, c'est le mélange de fossiles qui, en Europe, se rapportent à des terrains tout différents : phénomène qui se présente notamment dans le district de Southland, île du
Sud, et dans la province d'Auckland, île du nord ; dans toutes ces contrées
les mêmes dépôts renferment tout à la fois des formes jurassiques, des
formes crétacées et des formes modernes [*]. Aussi, en présence de ce chaos,
le Dr Hector n'a admis provisoirement dans la Nouvelle-Zélande que les
terrains paléozoïques, les terrains crétacés et les terrains tertiaires, exemple
suivi par M. Jules Marcou, qui, après avoir discuté les opinions divergentes

---

[*] Ce mélange curieux se présente non-seulement dans la Nouvelle-Zélande et
dans la Nouvelle-Calédonie, mais également en Australie et même en Amérique, et
offre une preuve de plus de la difficulté, pour ne pas dire de l'impossibilité d'iden-
tifier d'après les caractères paléontologiques nos formations européennes avec celles
des îles de l'Océanie ou du continent américain. Ainsi M. Ralph Tate vient de
découvrir une Bélemnite dans le terrain miocène de l'Australie (*Quart. Journal
of the Geol. Soc.*, ann. 1877, vol. XXXIII, part. 2, p. 256), découverte que M. J. S.
Gardner considère (*loc. cit.*, p. 253) comme extrêmement importante, en faisant
observer que si des fossiles crétacés, tels que des Bélemnites, ont vécu jusqu'à
l'époque miocène, on ne voit pas pourquoi des Ammonites n'auraient pas également existé jusqu'à l'époque éocène ? En Amérique, il y a des dépôts admis comme
crétacés à cause de la présence des Ammonites et d'autres formes, tandis que le

(voy. *Explic. d'une seconde édit. de la Carte géol. de la Terre*, p. 190), a cru ne devoir admettre dans le coloriage de la Nouvelle-Zélande, telle que cette île se trouve figurée dans sa grande carte, ni la division des roches du nouveau grès rouge (trias et dyas, ce dernier comprenant le *Todtliegende* et le *Bunter Sandstein* des géologues allemands), ni le Jura ni le terrain crétacé, en laissant dans les roches de transition ce qui représenterait le nouveau grès rouge, et dans le terrain tertiaire ce qui ferait partie des terrains secondaires.

Au reste, la tâche difficile de débrouiller et de classer les éléments qui composent la charpente solide de la Nouvelle-Zélande ne peut tarder à recevoir une solution définitive, grâce aux efforts du Dr Hector, directeur de la commission établie à Wellington (île du Sud) pour l'exploration du pays. Déjà on a pu admirer à Londres, dans la *Loan Collection*, le magnifique modèle en relief de la Nouvelle-Zélande que l'on doit à l'intelligente et infatigable activité de ce savant. Ce qui y frappe tout d'abord, c'est l'imposante chaîne de montagnes qui traverse les îles (de N. E. N. au S. O. S.) dans toute leur longueur, ne se trouvant interrompue que sur deux points : par le détroit de Cook, qui sépare l'île septentrionale de l'île méridionale, et par le détroit de Foveava, qui sépare cette dernière de l'île Stewart (Raniura). Cette gigantesque muraille, que M. Hochstetter considère avec raison comme représentant l'une des plus importantes lignes de soulèvement dans tout l'océan Pacifique, commence au golfe Hauraki (île du Nord), et ne se termine que dans l'île Stewart ; elle a donc une longueur de près de 1000 kilomètres, et, par conséquent, dépassant de beaucoup celle des Apennins et ne le cédant que peu, sous ce rapport, aux monts Ourals ; de plus, elle s'élève à des altitudes inconnues à ces deux chaînes, puisque le mont Cook (île du Nord) a plus de 4200 mètres, tandis que parmi les nombreux cônes volcaniques dont la chaîne est hérissée, le Ruapahu (île du Nord) a 2924 mètres, et le Tangariro (*ibid.*) 2110 mètres. D'ailleurs le

---

facies de la faune que renferment ces dépôts rappelle celui de notre faune éocène. Cependant les flores associées à de tels dépôts sont regardées comme crétacées. Si la présence de Mollusques éocènes était adoptée pour base de la détermination de l'âge de ces dépôts, et que l'on considérât les Ammonites comme ayant survécu dans ces régions à une période plus récente, leurs flores ne seraient plus crétacées et les arguments pour ou contre l'évolution dans les plantes dicotylédones, basés sur l'âge de ces types végétaux, subiraient une modification considérable. En admettant cette hypothèse (et elle n'a rien d'invraisemblable), il en résulterait, qu'en l'Australie aussi bien que dans la Nouvelle-Zélande, les phénomènes biologiques se sont succédé avec beaucoup plus de continuité qu'en Europe, et que dès lors la présence des mêmes fossiles dans les deux parties du monde n'a plus la même signification géologique.

beau modèle en relief du Dr Hector indique parfaitement les divers éléments constitutifs de la charpente solide de la Nouvelle-Zélande ; on y voit
les anciennes roches cristallines, telles que granite, schistes, etc., formant
le noyau ou l'axe de la grande chaîne, tandis que les formations plus récentes reposent sur ces roches et se trouvent presque toutes percées et
bouleversées par les roches volcaniques.

Quel que puisse être le tableau géologique définitivement tracé de la
Nouvelle-Zélande, on peut admettre dès à présent qu'une portion importante de cet archipel a été soulevée à une époque très-ancienne, probablement à l'époque carbonifère : du moins tel serait le cas pour la majeure
partie de l'île Méridionale (*New Munster Middle island*), île qui sans
doute ne formait jadis qu'un ensemble avec l'île du Nord ainsi qu'avec l'île
Stewart, car la grande chaîne se continue à travers les trois îles avec une
régularité qui indique qu'elle a dû exister avant la naissance des deux
détroits qui l'interrompent aujourd'hui.

Ainsi que la Nouvelle-Calédonie, séparée de la côte orientale de l'Australie à peu près par la même distance que la Nouvelle-Zélande, les îles
de cette dernière, notamment le New Munster middle Island, ont, sous le
rapport géologique, une grande ressemblance avec la région orientale de
l'Australie, en sorte qu'il n'est pas improbable qu'il y ait eu jadis jonction
entre l'une et l'autre, et qu'ainsi l'Australie, la Nouvelle-Calédonie, la
Nouvelle-Zélande et peut-être les îles Norfolk et Chatham, aient formé un
jour une seule île gigantesque. En tout cas, il est à supposer que la séparation de la Nouvelle-Zélande a eu lieu avant l'époque du terrain carbonifère
(prise dans un sens étendu), car, tandis que dans la Nouvelle-Zélande ce
terrain, ainsi que les terrains secondaires sont à peine ébauchés, les formations carbonifère, jurassique et crétacée se trouvent en Australie large-
ment développées [*].

Dans un travail remarquable, couronné par l'Académie des sciences,
M. Alph. Milne Edwards (voy. *Comptes rendus*, ann. 1874, t. LXXIX, p. 1648)
développe les considérations zoologiques qui le portent à admettre « qu'à

---

[*] Le terrain carbonifère de l'Australie est remarquablement riche en dépôts
de houille ; selon M. Simon, consul de France à Sidney (voy. *Comptes rendus*,
ann. 1877, t. LXXXIV, p. 1744), « l'étendue et la valeur des gisements houillers
de la Nouvelle-Galles du Sud sont si grandes, que l'on peut dire qu'ils sont inépui-
sables et que l'extraction ne peut être limitée que par les moyens dont on dispose » ;
aussi M. Simon nous apprend que, malgré l'insuffisance de ces moyens, l'exploitation, qui ne date que de l'année 1829, époque à laquelle elle avait fourni seulement
780 tonnes, a atteint en 1875 le chiffre de 1 253 475 tonnes, d'une valeur de
20 millions de francs.

une époque peu éloignée de la période actuelle, non-seulement les trois parties de la Nouvelle-Zélande communiquaient entre elles, mais que des terres, aujourd'hui disparues sous les eaux, les reliaient plus ou moins directement à quelques îles de la Polynésie ; tandis qu'aucune communication de ce genre ne semble avoir existé entre la Nouvelle-Zélande et l'Australie, l'Amérique ou l'ancien continent, depuis l'époque où les Mammifères ont commencé à se montrer dans ces diverses contrées. »

16. ILES AUCKLAND. — Cet archipel consiste en une île plus grande et plusieurs îlots. Les rochers qui constituent la charpente solide de toutes ces îles paraissent être du granite, des porphyres, des roches amphiboliques et plusieurs dépôts sédimentaires, soit de nature métamorphique, soit à faciès paléozoïque; puis il y aurait des grès tertiaires avec lignites, recouverts par des roches volcaniques plus récentes, notamment par le basalte. La flore et la faune des îles Auckland sont, selon M. Meinickie (*loc. cit.*, p. 349), celles de la Nouvelle-Zélande.

La mer tout autour de cet archipel a la même profondeur qu'autour de la Nouvelle-Zélande, mais entre les deux archipels se trouve une bande étroite (d'environ vingt-cinq lieues métriques de largeur) où la profondeur de la mer descend à 2640 mètres (2000 fathoms).

17. ILE CAMPBELL. — C'est une île hérissée de montagnes qui, sous le rapport de leur constitution et de leur altitude, sont semblables à celles des îles Auckland, mais moins connues que ces dernières; la montagne la plus élevée est le Honey-Hill (488 mètres). Parmi les roches dominantes figurent des grès et des phyllades, selon toute apparence appartenant aux terrains paléozoïques, ainsi que des calcaires probablement crétacés. Les roches volcaniques consistent particulièrement en dolérites. M. Filhol en a rapporté et déposé au Muséum des échantillons, que M. Daubrée (*Bull. Soc. géol. de France*, 3e sér., ann. 1876, t. IV, p. 536) signale comme remarquables par leur structure schisteuse : ce sont des laves feuilletées, doléritiques et feldspathiques.

La végétation et la faune de l'île Campbell sont complétement celles de la Nouvelle-Zélande; en fait de Mammifères, on ne connaît dans cette île que le Rat, et les Oiseaux terrestres n'offent que peu d'espèces (voy. Meinickie, *loc. cit.*, vol. I, p. 351).

18. ILES GALAPAGOS. — Tout autour de ces îles, la mer ne dépasse point la profondeur de 1820 mètres (1000 fathoms); à 25 lieues environ à l'est de l'archipel, la profondeur est de 2648-5460 m. (2000-3000 fathoms) et se

maintient jusqu'à environ 25 lieues métriques de distance de la côte américaine, où la profondeur remonte à 1820 mètres (voy. la carte de M. Petermann, *loc. cit.*). Le petit archipel des Galapagos, situé entièrement dans le domaine du courant froid antarctique, constitue un groupe très-remarquable de volcans en activité, parmi lesquels celui que contient Narberough island paraît être le principal. Selon L. de Buch (*loc. cit.*, p. 377), en 1814 deux volcans furent signalés dans cette île en pleine éruption, et en 1815 une coulée de lave sortit du pic de Narberough. Une autre île, Abington island, est une île basaltique au milieu de laquelle se sont soulevés un grand nombre de cônes d'éruption. Sur la côte occidentale de l'île, formée par une falaise de plus de 325 mètres de hauteur, on observe des alternances de couches de basalte, de tuf et de scories. Au-dessus de cet escarpement s'élève une montagne d'environ 650 mètres de hauteur, qui occupe le tiers de la longueur de l'île. A partir du sud, les flancs de la montagne sont de tous côtés recouverts par des cratères et des coulées de lave à surface raboteuse, qui s'étendent à travers toute l'île jusqu'à son extrémité la plus reculée vers le nord. M. Ch. Darwin, auquel nous devons le meilleur travail sur l'archipel des Galapagos (voy. ses *Geolog. Observations on the volcanic Islands*, etc.) y signale plus de 2000 cratères. Les trachytes, les ryolithes, les tufs et les basaltes y constituent la majeure partie de l'archipel, et il est probable que l'âge de ces roches n'est pas le même, bien que toutes se rapportent à une époque géologique très-récente, et peut-être remontent à peine à celle des terrains tertiaires. MM. Frank et Gooch viennent de soumettre à une étude microscopique (voy. *Jahrb. der K. K. Geol. Reichsanst.*, ann. 1876, vol. XXVI, p. 133) les roches volcaniques recueillies dans ces îles. Parmi ces roches figurent : scorie de lave de l'île Bindloe, contenant çà et là des fragments de feldspath vitreux; lave basaltique des îles Bindloe et Abington, à cristaux de feldspath de dimensions remarquables, la pâte de la roche étant composée de plagioklas, olivine, pyroxène et magnétite; pierres ponces (non signalées par Darwin dans ces îles) des îles Indefatigable et Abington, contenant de petits morceaux de feldspath (probablement orthoklas), de plagioklas, de pyroxène et d'olivine.

Sous le rapport de sa faune, les Galapagos présentent un phénomène des plus curieux et des plus énigmatiques. Plusieurs de ces formes animales, notamment les Lézards, sont uniques dans le monde actuel, et pour retrouver des similaires, il faut, dit M. Jules Marcou (*loc. cit.*), remonter aux Reptiles crétacés et jurassiques. Les Poissons qui existent dans cet archipel sont tous spéciaux, et il en est de même des Mollusques marins et terrestres. Rien de plus frappant et de plus inexplicable que de voir dans des îles à une distance de deux cents lieues seulement de la côte de l'Amérique du Sud une faune complétement spéciale et différente de tout ce qui existe en Amérique; on dirait une épave d'un monde évanoui depuis des myriades de siècles!

Quant à la constitution géologique de la côte américaine opposée aux îles Galapagos, elle est également d'une époque récente, car ce sont les dépôts tertiaires et quaternaires qui constituent tout le littoral compris entre la baie del Chico et la ville de Lima.

19. ÎLE JUAN-FERNANDEZ. — Tout autour de cette île, la mer a une profondeur égale à celle qu'elle présente dans les parages limitrophes de l'archipel des Galapagos; mais de même que chez ce dernier, la profondeur de la mer s'accroît rapidement à peu de distance des îles : aussi, non loin de Juan-Fernandez, la profondeur est de 2610 à 5460 mètres (2000 à 3000 fathoms) et se maintient jusqu'auprès du littoral américain, où elle ne dépasse point 1820 mètres.

L'île de Juan-Fernandez est composée de basalte, qui souvent prend une structure colomnaire. L'île est fréquemment ébranlée par des tremblements de terre, et en 1835, lorsque le Chili en fut si fortement éprouvé, un volcan sous-marin avait surgi tout près de l'île (voy. Daubeny, *loc. cit.*, p. 426).

M. Bossi a publié tout récemment, dans le *Siglo di Montevideo*, un travail intéressant sur l'île Juan-Fernandez, ancienne demeure du célèbre Robinson Crusoe. Il fait observer que cette île constitue le dernier débris d'un continent enseveli sous la mer, tandis que le littoral américain limitrophe ne cesse de s'élever au-dessus du niveau de cette dernière. « Car, dit-il, lors de mon voyage d'exploration aux détroits de Smith et particulièrement dans le golfe de Trinidad (côte occidentale de la Patagonie), j'ai pu constater que sur certains points la terre ferme s'y élève annuellement de 40 pieds. A l'appui de cette assertion, il suffit de rappeler que les voyageurs plus anciens avaient signalé, sous la latitude S. de 49° 4' et la longitude O. de 75° 32', une île qu'ils appelèrent *Monte-Corso*, en donnant le nom de *passage Sparte* au canal qui la séparait du cap Breton; or, aujourd'hui cette île se rattache au cap par une terre basse qui a surgi du fond de la mer, et de cette jonction est résultée une baie magnifique à laquelle le directeur de la Revue hydrographique du Chili a donné le nom de Bahia Bossi. »

Selon le savant voyageur, l'île volcanique de Juan-Fernandez manque complétement d'animaux indigènes quelconques, et malgré l'abondance de Poisson, tout autour de ses côtes, aucun Oiseau pélagique ne s'y fait jamais voir.

La côte chilienne, vis-à-vis de l'île Juan-Fernandez, est composée de roches cristallines anciennes (granite, gneiss et schistes) : il est donc probable que cette côte était déjà émergée à l'époque où Juan-Fernandez fut soulevée ; et il en est vraisemblablement de même de la plus grande partie de la ré- publique chilienne composée de terrains paléozoïques et secondaires.

20. Iles Falkland. — Les îles Falkland ont leur littoral occidental baigné par le courant chaud du Brésil se dirigeant du N. E. N. au S. O. S., et le littoral occidental par le courant antarctique.

L'archipel des îles Falkland, ou îles Malouines, est composé d'argiles schisteuses et de grès renfermant une grande quantité de fossiles qui appartiennent aux genres *Chonetes*, *Orthis*, *Atrypa*, *Spirifer*, *Orbicula*, *Avicula*, Trilobites et Crinoïdes, ce qui classe cette formation dans le ter- rain de transition supérieur. La constitution géologique de ces îles, si diffé- rente de celle de la grande majorité des îles de l'Océanie, presque toutes volcaniques et sans trace appréciable de terrains paléozoïques, devient une question très-embarrassante, lorsque l'on considère que, malgré leur proxi- mité de la côte américaine, elles en diffèrent géologiquement tout autant que du reste des îles océaniques placées à d'immenses distances. Il est vrai, nous ignorons presque complétement la constitution géologique de la partie de la côte américaine directement opposée aux îles Falkland ; cependant la ligne littorale, non-seulement de cette région de la Patagonie, mais encore de toute la côte orientale de l'Amérique du Sud, est suffisamment connue pour nous autoriser à y admettre l'absence de terrains paléozoïques. Ainsi les côtes de la Patagonie presque opposées aux îles Falkland sont tertiaires, et plus au nord le littoral E. de l'Amérique, aussi loin que l'isthme de Panama, n'est composé d'abord que de roches cristallines (granite, gneiss, itacolu- mite, micaschiste, porphyre, etc.) qui, à l'exception de quelques lambeaux paléozoïques isolés, situés beaucoup plus à l'intérieur, constituent toute la charpente solide du Brésil ; puis de dépôts quaternaires (bouches de l'Ama- zone et de l'Orénoque), et enfin de dépôts tertiaires, ainsi que de quelques lambeaux crétacés (Guyane, Venezuela et Nouvelle-Grenade).

D'autre part, au sud-ouest de l'archipel Falkland, à la Terre de Feu, le Dr Hombron et M. C. Darwin ont recueilli des fossiles qui indiquent l'exis- tence du terrain crétacé dans la partie orientale du détroit de Magellan. Ainsi donc, sur l'immense développement du littoral oriental de l'Amérique du Sud, les dépôts sédimentaires constatés jusqu'à présent sont tous beau- coup plus récents que le terrain paléozoïque des îles Falkland, et dès lors rien ne prouve que ces îles aient jamais fait partie (du moins depuis l'époque paléozoïque) du littoral oriental de l'Amérique. Par contre, plusieurs fos- siles paléozoïques des îles Falkland sont identiques avec ceux du cap de

Bonne-Espérance (voy. *On the Geol. of the Falkland islands*, etc., dans le *Quart. Journ. of the Geolog. Soc. of London*, vol. II, p. 267) ; en sorte qu'on serait presque porté à admettre qu'à l'époque paléozoïque, c'est à l'extrémité méridionale de l'Afrique, et non à celle de l'Amérique, que se rattachaient les îles Falkland : hypothèse qui, malgré tout ce qu'elle offre d'incompatible avec la configuration actuelle de nos continents, devient beaucoup moins hardie quand on considère que, pendant les temps crétacés et tertiaires, l'Amérique du Sud ne possédait de terres fermes que dans le Brésil, la Bolivie et dans une partie des républiques Argentine et Chilienne, avec la grande île granitique de la Guyane et de l'Orénoque, de manière qu'à ces époques la terre ferme sud-américaine a bien pu se prolonger et s'unir avec l'Afrique méridionale. Aussi M. Jules Marcou (*loc. cit.*, p. 163) ne voit-il rien d'inadmissible dans une telle hypothèse, et il pense qu'aux époques sus-mentionnées, « Rio-Janeiro et la ville du Cap de Bonne-Espérance ont pu être sur le même continent. »

21. TRISTAN D'ACUNHA. — Parmi les îles qui composent cet archipel, la plus considérable ne consiste qu'en une seule montagne de 2273 à 2924 mètres de hauteur, ayant la forme d'un cône tronqué au milieu duquel surgit un dôme de 1625 mètres d'altitude. Le premier est composé d'un certain nombre de couches de tuf et de lave pyroxénique, alternant les unes avec les autres et traversées par beaucoup de filons. Il est très-difficile de faire l'ascension du dôme terminal, tant à cause des surfaces abruptes que de la nature meuble et incohérente de la roche composée de scories et de fragments de lave bulleuse. Çà et là des courants de lave vomis par le cratère descendent tout le long du cône volcanique (voy. Dauheny, *loc. cit.*, p. 464).

L'île de Tristan d'Acunha a pour piédestal le bombement linéaire qui parcourt le fond de la mer, depuis les hautes latitudes de l'hémisphère austral, à travers tout l'océan Atlantique, jusqu'aux parages du détroit de Davis. Ce long rempart sous-marin à surface ondulée, qui porte également les îles de l'Ascension et de Sainte-Hélène, sert de ligne de séparation entre deux larges canaux creusés dans le lit de l'Atlantique et ayant une profondeur de 3898 à 4873 mètres (12 à 15 000 p.); le canal situé à l'est du rempart se dirige parallèlement au continent de l'Afrique méridionale et s'avance jusqu'aux latitudes de l'Angleterre. M. le capitaine Evans, qui expose (*Proceed. of the Royal Geogr. Soc.*, 1877, vol. XXI, p. 66) ces faits intéressants, dont nous devons la connaissance aux célèbres explorations sous-marines du *Challenger*, ajoute qu'il a été constaté, surtout par les sondages de la *Gazelle*, que dans l'hémisphère austral, l'Océan est bien moins profond que dans l'hémisphère boréal, où l'on trouve (notamment dans les régions septentrionales du Pacifique et de l'Atlantique, de ces prodigieux abîmes de 8780 à 7471 mètres (27 à 23 500 p.) de profondeur (voy. ma note page 503), tandis que dans l'hémisphère austral la sonde a partout atteint le fond à 5522-5684 mètres (17 000-17 500). Le savant hydrographe fait observer que, malgré les énormes divergences que présente en général la profondeur de la mer, « un trait saillant est commun à tous les océans, c'est l'abrupte dépression que leurs fonds subissent à peu de distance des continents ; en sorte que souvent après une profondeur de quelques mètres seulement, le fond de la mer s'abaisse brusquement à 3219-3898 mètres (10 000-12 000 p.), ainsi qu'on en voit un exemple tout près de nous : dans le détroit de la Manche où, à l'entrée même, la profondeur est de 195 mètres, tandis qu'à 10 milles marins plus loin, elle descend à 3898 mètres (12 000 p.) ». Enfin le capitaine Evans nous apprend que dans toutes les mers des zones torride et tempérée (à moins que leur lit ne soit localement transformé en un bassin clos par des barrières sous-marines), le fond de la mer est revêtu d'une puissante couche d'eau ayant une température de — 0° à + 1°,6. Dans le Pacifique, on atteint généralement cette nappe froide à une profondeur de 2924 mètres (9000 p.) au-dessous de la surface de la mer, tandis qu'une température de + 4°,4 règne entre 715 et 975 mètres (2500-3000 p.) au-dessous de la surface de la mer. Dans l'Atlantique du sud, le courant polaire antarctique ayant une température de — 0°,5 à + 1°, dépasse l'équateur, où il s'échauffe, ce qui fait que dans l'Atlantique du nord le fond de la mer a une température de + 1°,6.

Aux importantes données fournies par le capitaine Evans sur la profondeur et la température des océans, nous pouvons rattacher, comme les complétant très-avantageusement, les données non moins importantes que M. J. J. Buchanan, chimiste attaché à l'expédition du *Challenger*, vient de publier (*Slip of the Meeting of the R. Geogr. Soc.*, of 12 March 1877) sur la distribution du sel dans les océans, telle qu'elle est indiquée par les poids spécifique de leurs eaux. Il en résulte que la salure des eaux superficielles est plus forte dans le nord que dans le sud de l'Atlantique. Dans la partie septentrionale de cet Océan, le maximum a été observé sous la latitude de 22° et la longitude O. de 40° ; dans la partie méridionale de l'Atlantique, le maximum est sous 17° lat. S. et dans le Pacifique près de l'île de Taïti. Quant à l'eau au-dessous de la surface, dans l'Atlantique, sa pesanteur spécifique va en diminuant jusqu'à la profondeur d'environ 856 à 1820 mètres (800-1000 fathoms), et puis augmente graduellement jusqu'au fond de la mer. Dans les régions équatoriales, la pesanteur spécifique de l'eau atteint son maximum à une profondeur de 90 à 182 m. (50-100 fath.).

Enfin, dans la partie septentrionale de l'Atlantique, la pesanteur spécifique de l'eau du fond de la mer est comparativement élevée. Selon M. Buchanan, toutes ces variations dans la pesanteur spécifique de l'eau de l'Océan paraissent tenir au degré de facilité qu'il possède de recevoir ou d'écouler les masses d'eau, dont le mouvement dans les deux sens est déterminé par la nature sèche ou humide des alizés, selon que ces derniers activent l'évaporation des eaux et y opèrent la concentration du sel, ou qu'ils produisent l'effet contraire, en diluant par les précipitations aqueuses l'eau de la mer, ce qui à son tour donne naissance à divers courants. Ainsi, selon M. Buchanan, dans l'Atlantique, depuis la surface jusqu'à une profondeur de 1820 mètres (1000 fathoms), il y a un courant dirigé du sud au nord, tandis qu'un courant opposé paraît avoir lieu au-dessous de cette profondeur jusqu'au fond de la mer, ce qui permet l'élimination d'un excès de sel qui autrement se produirait dans la partie septentrionale de l'Atlantique *.

Nos connaissances des diverses conditions physiques de l'océan Atlantique viennent de recevoir un complément très-important par les travaux de M. Brault sur la circulation atmosphérique de cet océan. Ce savant a constaté (*Comptes rendus*, ann. 1877, t. LXXXV, p. 1073) que « dans son ensemble le mouvement général des vents d'été dans l'Atlantique sud est celui d'un immense tourbillon, dont le centre se trouve vers 30° ou 35° de latitude S. et 10° ou 20° de longitude O. Ce tourbillon tourne en sens inverse de l'aiguille d'une montre, et de son centre s'échappe vers la droite la grande gerbe des alizés de sud-est qui couvre toute la partie orientale et supérieure de l'Atlantique sud. En se rapprochant de la côte de l'Afrique, les alizés deviennent sud et sud-sud-ouest ; en s'approchant de l'Amérique, ils deviennent est-sud-est. Puis, le mouvement tourbillonnaire continuant vers la gauche, les vents sont nord-est et nord ; ils descendent nord et nord-ouest le long de la côte d'Amérique et viennent bientôt, dans la partie septentrionale de l'Atlantique, regagner les vents d'ouest qui soufflent du cap Horn jusqu'au cap de Bonne-Espérance. » Le résultat le plus important de cette partie du travail de M. Brault c'est ce fait : « qu'il n'existe ni zone de calmes tropicaux, ni zone de folles brises, ni zone de faibles brises traversant l'Atlantique »

* Parmi les importantes données fournies par le capitaine Evans et M. Buchanan, il en est une que, dans l'état actuel de nos connaissances, il serait assez difficile d'expliquer : c'est la brusque dépression du fond de la mer dans la proximité des continents. Ce phénomène ne tiendrait-il pas peut-être à ce que le soulèvement des continents serait accompagné d'un mouvement de bascule, de manière que lorsqu'une partie du fond de la mer s'élève pour former un continent, les parties limitrophes éprouvent un abaissement correspondant ? — Un phénomène

Quant à l'Atlantique nord, M. Brault a trouvé (*Etude sur la circulation atmosphérique de l'Atlantique nord*, Paris, 1877) que le phénomène tourbillonnaire s'y reproduit également, phénomène qu'il a tracé graphiquement sur une carte très-instructive. Ici encore les mouvements tourbillonnaires ont leurs centres, parmi lesquels je me bornerai de mentionner celui que représentent les îles Açores. « Le mouvement de rotation autour des Açores, dit M. Brault (*loc. cit.*, p. 75), n'est pas celui d'un *circuit;* ce mouvement est une rotation *en spirale*, c'est-à-dire que non-seulement les vents tournent autour des Açores, mais qu'ils tournent autour d'elles en s'en éloignant de tous les côtés. Or, si les vents s'éloignent ainsi de tous les côtés d'un point quelconque situé sur la surface du globe, soit en tournant, soit directement, qu'en résulte-t-il? Il en résulte qu'en ce point, du haut des parties supérieures de l'atmosphère, descend la masse d'air qui alimente tous les vents environnants. Cette conclusion est nécessaire et elle subsiste, abstraction faite de toute idée de pression barométrique. Ainsi donc, en été, il existe au milieu de l'Atlantique nord, près des Açores, une région où l'air descend des parties supérieures pour venir alimenter tous les vents, lesquels prennent la direction des alizés, des vents d'ouest et des autres, et forment finalement le tableau que nous avons donné de la circulation des vents d'été de l'Atlantique nord. » Le remarquable phénomène atmosphérique signalé par le savant et ingénieux météorologiste dans les parages des Açores s'y traduit également par le mouvement gyratoire que décrivent les courants de mer autour de ces îles, ainsi que nous l'avons fait observer (page 836).

Nous ne pouvons quitter l'Atlantique, où se trouvent tant d'îles intéressantes parmi celles qui nous occupent, sans insister sur les modifications que le relief du fond des mers doit subir par suite de l'action des forces volcaniques. Les observations directes à cet égard ont d'autant plus de valeur que des phénomènes de cette nature échappent le plus souvent à notre appréciation; en sorte qu'en présence de faits réellement constatés, nous pouvons conclure du connu à l'inconnu, en admettant que les phénomènes qu'il nous a été donné de saisir ne sont qu'un reflet local et éventuel de ceux qui s'accomplissent à notre insu fréquemment et sur une échelle beaucoup plus large. Or, nous avons sous ce rapport un fait remarquable et récent, c'est l'action que le célèbre tremblement de terre qui renversa Lis-

diamétralement opposé à celui dont il s'agit, a été signalé dans les golfes nombreux, connus sous le nom de *fiords,* qui découpent les côtes de la Norvége et du Groenland, car M. Amund Helland (*Quart. Journal of the Geol. Soc.*, ann. 1877, vol. XXXIII, p. 142) a constaté qu'à une certaine distance des côtes, la mer est bien moins profonde que dans l'intérieur des *fiords*, phénomène que ce savant attribue à l'action des glaciers qui, en excavant les fiords, auraient accumulé les dépôts morainiques à leur embouchure.

bonne a exercée sur le relief du fond de la mer dans les parages des côtes occidentales du Portugal et de l'Afrique. Ainsi, dans son important ouvrage sur les changements physiques éprouvés par la surface de notre globe (*Geschichte der natürl. Veränder. der Erdoberfläche*, etc., vol. I, p. 93) Karl. E. A. de Hoff rapporte que la rade de Mogador (ville située presque vis-à-vis de l'archipel de Madère) ne pouvait admettre que de très-petits bâtiments, à cause des écueils dont elle était hérissée ; mais que le 1er novembre 1755, jour où eut lieu la catastrophe de Lisbonne, tous ces écueils disparurent comme par enchantement, en sorte que depuis le port de Mogador a une profondeur de 20 brasses (39 mètres) et est devenu accessible aux plus gros vaisseaux de guerre. Mais un phénomène bien plus important se produisit le même jour près de Lisbonne : la mer qui baigne la côte non loin de laquelle se trouve cette ville, sur l'embouchure du Tage, se creusa en un gouffre insondable, où fut englouti un grand quai construit sur le littoral en grosses dalles de marbre et encombré en ce moment d'une foule compacte frappée de terreur ; non-seulement le quai, les hommes qu'il portait et les vaisseaux qui y étaient amarrés s'évanouirent en un clin d'œil, mais encore n'est-on jamais parvenu à découvrir un débris ou une trace quelconque de tant de victimes, ce qui semble indiquer que le tout a été englouti dans un abîme qui se sera refermé aussitôt. Lorsque la mer eut occupé la partie immergée du littoral, elle avait acquis une profondeur inconnue jusqu'alors dans ces parages, savoir : 195 mètres. (Hoff, *loc. cit.*, vol. IV, p. 428.)

On sait que la mémorable catastrophe de Lisbonne, dont le foyer principal se trouvait évidemment dans la partie de l'Atlantique limitrophe des côtes occidentales du Portugal et de l'Afrique, se fit sentir dans l'Europe tout entière (Espagne, France, Angleterre, Hollande, Suisse, Allemagne, etc.), même jusqu'en Suède, ainsi que nous le fait connaître M. de Hoff, qui retrace avec une consciencieuse exactitude et en s'appuyant sur des autorités irrécusables, l'histoire détaillée de ce gigantesque cataclysme. Parmi les faits nombreux et importants qu'il mentionne, il en est un qui nous intéresse particulièrement, parce qu'il se rapporte à l'action que la terrible catastrophe de Lisbonne exerça non-seulement sur la partie de l'Atlantique limitrophe des côtes de Portugal et de l'Afrique, mais encore sur la vaste nappe de l'Océan situé plus à l'ouest. Or, vingt minutes (en tenant compte de la différence des longitudes) après la secousse qui bouleversa Lisbonne, des vagues de 15 pieds de hauteur se ruèrent sur la ville de Funchal (dans l'île de Madère), en sorte que moins d'une demi-heure avait suffi à l'onde pour parcourir un espace de 7°, espace qui, sous ces latitudes, représente une ligne de 87 milles géographiques (175 lieues métriques) de longueur. Dans son mouvement de translation d'ouest à l'est, cette onde ne s'était pas arrêtée à l'archipel de Madère, mais se propagea jusqu'aux Antilles où, neuf heures et demie après la secousse de Lisbonne, les îles de Barbados, de Martinique et de Sabia furent inondées ; c'est donc ce laps de temps que mirent les ondulations de l'Atlantique à franchir un espace de 800 milles géographiques (environ 1600 lieues métriques). En comparant la vitesse de propagation des ondes entre Lisbonne et Madère et entre Madère et les Antilles, on voit que cette vitesse allait en décroissant à mesure qu'elle s'éloignait des côtes du Portugal et de l'Afrique, ce qui fournit un argument de plus en faveur de la supposition que c'est dans la proximité de ces côtes que se trouva le siége ou le point de départ de la formidable explosion qui, le 1er novembre 1755, ébranla une grande partie de l'écorce terrestre, phénomène qui présenterait des proportions bien plus considérables encore, s'il nous avait été permis d'en apprécier les manifestations sous-marines et surtout les effets qu'elles eurent sur le relief du fond de la mer.

22. ILES KERGUELEN. — Pendant longtemps les importantes études botaniques et zoologiques dont les îles de Kerguelen avaient été l'objet (voy. ma note p. 815) ne se trouvaient guère en rapport avec nos connaissances topographiques de cette contrée ; ce n'est que récemment qu'un relevé géographique détaillé de Kerguelen a été publié par le gouvernement anglais, qui a fait paraître une très-belle carte de ce pays, dont M. Petermann (*Mittheil*, ann. 1875, vol. XXI) a donné une réduction accompagnée d'un texte explicatif. Cette carte a probablement servi (en partie du moins) de base à celle qui fut dressée par les topographes de la *Gazelle*, et dont une réduction a été publiée dans le journal de la Société géographique de Berlin (*Zeitschr. der Gesellsch. für Erdk.*, ann. 1876, vol. XI). De son côté, M. Roth a fourni des renseignements assez étendus (voy. *Monatsbericht der könig. Preuss. Acad. der Wissenschaften zu Berlin*, ann. 1875, p. 723) sur l'ensemble de l'archipel de Kerguelen-land, composé de 130 ilots et 160 écueils s'élevant au-dessus de la surface de la mer, et ayant une superficie de 180 milles géographiques carrés, dont 127 reviennent à l'île principale.

Les mesures hypsométriques effectuées dans cet archipel par les savants de la *Gazelle* donnent des valeurs souvent très-supérieures à celles qui y avaient été admises jusqu'alors. Ainsi le mont Ross aurait 1865 mètres et le mont Richards 1220 mètres d'altitude.

M. Roth nous apprend que dans l'île principale (Kerguelen), sur les deux versants du mont Richards (auquel ce savant ne donne qu'une altitude de

910 mètres), on voit des glaciers dont plusieurs descendent jusqu'à la mer, tout en offrant des indices d'une retraite progressive.

Quant à la constitution géologique de l'archipel de Kerguelen, M. Roth n'a guère ajouté aux renseignements fournis déjà depuis longtemps par Sir James Ross, qui y avait constaté l'existence de terrains sédimentaires, très-limités à la vérité, mais remarquables par les lignites et les bois fossiles qu'ils contiennent, et qui, selon toute apparence, rattachent ces terrains à une époque géologique assez récente. Le lignite est de structure schisteuse, de couleur noire-brunâtre et à cassure semblable à celle du charbon de bois. Dans la baie de Cumberland (côte du nord-ouest de l'île de Kerguelen), ce lignite forme une couche de quatre pieds d'épaisseur et se trouve recouvert par une dolérite amygdaloïde. Les bois fossiles, souvent fortement silicifiés, ont des dimensions considérables, ce qui contraste singulièrement avec l'absence complète de végétation arborescente dans cette île, phénomène déjà signalé dans les Açores (voy. ma note page 754) qui, comme Kerguelen, ont dû jadis posséder des forêts dont il ne reste plus aucune trace ; et puisque dans les îles Kerguelen, placées en dehors des grands centres de population, on ne saurait attribuer à l'action seule de l'homme la destruction de la végétation arborescente, la disparition de cette dernière a dû avoir été produite par des causes physiques.

De même que M. Roth, Sir James Ross signale les basaltes comme jouant le rôle le plus important dans la composition de la charpente solide de l'île ; ils y constituent des terrasses horizontales divisées en masses prismatiques et passant à la dolérite et aux porphyres amygdaloïdes. Selon Sir James Ross, on ne voit guère dans l'île de Kerguelen de cratères proprement dits, cependant il signale plusieurs collines coniques portant à leurs sommets des dépressions cratériformes, et qui probablement représentent autant d'anciens foyers d'éruption.

Nous possédons sur les conditions bathométriques de la mer, dans les parages de l'archipel Kerguelen, quelques données intéressantes fournies par M. Roth (loc. cit.), qui nous apprend qu'à 100 milles marins (environ 160 kilomètres) de l'archipel, la profondeur de la mer est de 380 mètres, mais qu'elle descend brusquement à 3000 mètres, à une distance de 200 milles (environ 320 kilomètres) de l'archipel. Ce fait prouve que la remarquable loi formulée par le capitaine Evans (voy. p. 869) s'applique parfaitement à l'hémisphère austral, bien que la mer y ait généralement moins de profondeur que dans notre hémisphère. Enfin, nous devons à M. le docteur Hann des renseignements climatologiques également intéressants sur l'archipel de Kerguelen. Ce savant vient de publier dans le *Journal Autrichien* du 15 mars 1877 les données que lui a fournies l'étude comparée,

d'une part des observations météorologiques faites à Kerguelen pendan
l'été, par les officiers de l'expédition allemande envoyée pour l'observation
du passage de Vénus, et d'autre part des registres météorologiques tenus
dans la même île, pendant l'hiver, par Sir James Ross : il en résulterait
qu'à Kerguelen les variations de la température annuelle moyenne se ré-
duisent à 4°,7 Fahr. (environ 2 degrés centigrades); minimum probablement inconnu sur un point quelconque de notre globe. Mais ce qui n'est
pas moins remarquable, c'est que selon M. Hann, bien que dans l'île
Saint-Paul un phénomène analogue se reproduise également, puisque l'am-
plitude des variations n'y dépasse guère 7 degrés Fahr. (environ 4 degrés
centigrades), toutefois la différence entre les températures moyennes
annuelles de ces deux îles est de 20 degrés Fahr. (plus de 11 degrés centigrades) en faveur de Saint-Paul, distante à 400 lieues de l'île de Kerguelen et seulement de 12° plus éloignée que cette dernière du pôle-
antarctique. Ainsi les conditions géographiques ne sauraient motiver les
différences que présentent ces deux îles entre leurs températures moyennes
respectives; évidemment l'archipel Kerguelen est trop froid relativement
à l'île Saint-Paul. C'est là un de ces nombreux exemples des singulières
divergences climatériques dont les causes échappent à notre appréciation,
divergences qui se manifestent également dans l'action très-différente que
les mêmes conditions physiques exercent sur l'organisme humain *.

23 et 24. ILES SAINT-PAUL et AMSTERDAM. — La constitution géologique
de ces îles, situées à plus de 800 lieues métriques de l'Australie et à 1025
lieues du continent africain, est moins connue que leur végétation, dont

---

* Sous ce dernier rapport, un fait cité par M. de Quatrefages (l'Espèce humaine,
p. 164) est bien remarquable, savoir : que les mêmes causes qui dans notre hémisphère, donnent lieu aux fièvres paludéennes, perdent plus ou moins de leur
intensité dans l'hémisphère austral, ainsi que le démontrent les curieuses recherches de M. Boudin, qui a trouvé qu'au nord de l'équateur ces fièvres remontent
au 59° degré de latitude, tandis qu'au sud de l'équateur elles dépassent rarement
le tropique. Aussi, dans l'hémisphère austral, les armées française et anglaise réunies comptent par année, en moyenne, 1,6 fiévreux sur 1000, et dans l'hémisphère
boréal 224,9 sur 1000 ; en sorte que les fièvres paludéennes sont près de 200
fois plus fréquentes au nord qu'au sud de l'équateur, bien que dans l'Amérique
méridionale et en Australie de vastes espaces se couvrent d'eau croupissante sous
un ciel enflammé. Voilà donc des influences locales que ne saurait expliquer aucune
des lois physiques que nous connaissons, pas plus que l'absence ou du moins la
grande rareté de l'hydrophobie dans certaines contrées de l'Orient, où se trouvent
réunies les conditions les plus propres à engendrer cette affection terrible, qui,
au reste, paraît avoir été presque inconnue aux anciens, ainsi que je crois l'avoir
prouvé (voy. mon Bosphore et Constantinople, p. 87).

l'étude a déjà fourni des résultats importants, consignés en partie dans ma note page 818. En tout cas, il ressort de quelques renseignements donnés par M. Velain, que les deux îles sont de nature éminemment volcanique. Ce savant nous apprend (*Comptes rendus*, ann. 1875, t. LXXX, p. 998, et t. LXXXI, p. 332) que dans l'île Saint-Paul (dont la latitude déterminée par le capitaine Mouchez est de 38° 42' 50" lat. S.), les sources thermales sont nombreuses et abondantes ; leur température varie de 39 à 90 degrés. Au fond du cratère qui constitue l'île tout entière et qui, mis en communication avec la mer représente un lac intérieur, les phénomènes de chaleur sont encore plus marqués : là, sur une large bande qui se dirige obliquement vers le sommet, le sol est chaud et laisse échapper de nombreuses vapeurs. A quelques centimètres de la surface, la température s'élève à 104°, mais cette température est sujette à d'énormes oscillations, car le 24 novembre elle atteignit 218°. Au reste, sur le revers du cirque, la bande du terrain chaud, qui était infranchissable il y a quatre-vingts ans, est fort diminuée aujourd'hui, et une source thermale, bien précisée en 1857 par M. de Hochstetter, est déjà moins chaude de 2 degrés. Il paraît donc que l'activité volcanique est en voie de s'éteindre, mais les fumarolles existent encore et M. Velain en a analysé le gaz. Un fait intéressant a été constaté dans ces fumarolles : c'est que leur température augmente avec la hauteur de la marée, ce qui ajoute un argument de plus à la théorie chimique des volcans, théorie si habilement soutenue par Daubeny dans son remarquable ouvrage sur les volcans (*A Description of act. and ext. Volcanos*, 2ᵉ édit., p. 637-646) M. Velain a reconnu (*Bull. Soc. géol. Fr.*, 3ᵉ série, ann. 1876, vol. IV, p. 524) qu'autour du cratère de Saint-Paul, il se dépose de la silice à l'état gélatineux ; de plus, il a observé dans les éruptions anciennes de cette île tous les passages entre l'opale et la tridymite ; enfin, parmi les nombreux échantillons de roches volcaniques rapportés par M. Velain des îles Saint-Paul et Amsterdam, M. Daubrée signale (*Bull*. loc. cit., p. 536) comme remarquables à cause de leur structure schisteuse, des laves feuilletées doléritiques et feldspathiques.

Dans les dégagements gazeux de l'île Saint-Paul, M. Velain a constaté le long des bords de l'île, dans l'eau de mer puisée à la surface, une proportion d'oxygène tout à fait remarquable (60,56 sur 100), jointe à l'absence d'acide carbonique ; il attribue ce phénomène, en partie, à la présence en ce point de grandes et nombreuses Algues (*Macrocystis pirifera*).

M. Velain croit les îles Saint-Paul et Amsterdam d'âge très-récent, mais non point contemporain, car elles paraissent avoir formé deux foyers éruptifs bien différents. Elles ont surgi séparément du sein de l'Océan, à une date qu'il est difficile de préciser, mais qui doit être relativement peu reculée. La plus récente lui paraît l'île Amsterdam, haute de 900 mètres, longue de 8 kilomètres et ceinte de falaises continues qui se dressent partout à plus de 100 mètres de hauteur. La dernière phase de l'activité volcanique s'est manifestée dans cette île par une action explosible, comme des *bombes* nombreuses le témoignent.

Toute faune terrestre actuelle ou ancienne fait absolument défaut aux deux îles.

Après le rapide aperçu que je viens de tracer de la constitution géolo - gique des îles océaniques, nous allons résumer les conséquences qui en découlent :

1° Les affinités que les flores de certaines îles océaniques présentent entre elles, souvent en raison inverse des distances qui les séparent, semblent indiquer que, dans cette partie de l'Océanie, les îles étaient jadis groupées tout autrement qu'elles ne le sont aujourd'hui, en sorte qu'à l'époque de l'apparition de la vie végétale, il y avait jonction entre des îles actuellement séparées par des espaces considérables, mais que néanmoins d'autres étaient tout aussi indépendantes des îles et continents limitrophes qu'elles le sont à présent. Ainsi nous avons vu (p. 858) que le premier cas a lieu à l'égard des îles Howe, Norfolk, Chatham, etc., et le dernier cas à l'égard des Mascareignes (p. 847) et de l'île de Madagascar (p. 844). Il en résulterait que, si nous manquons de preuves pour admettre que les îles océaniques ne sont que les débris d'un vaste continent immergé, tout porte à croire que l'Océanie fut un jour occupée par des groupes insulaires moins nombreux, mais beaucoup plus étendus que ceux qui y existent aujourd'hui.

2° Lorsque l'on considère que la très-grande majorité des îles océaniques sont principalement composées de volcans soit actifs, soit éteints plus ou moins récemment, et qu'il en est de même de l'immense série d'îles qui, à l'instar d'autant de cheminées sous-marines, se dressent à travers les vastes surfaces des océans, on a peine à admettre comme un simple effet du hasard la connexion entre l'activité volcanique et la proximité de la mer, et dès lors on est naturellement porté à voir dans cette association significative un argument de plus en faveur de la théorie qui rattache les manifestations volcaniques (celles du moins qui se produisent aujourd'hui) à l'action des infiltrations de l'eau dans les laboratoires souterrains. Cette théorie acquiert plus de force encore par les résultats des explorations récentes, tendant à faire disparaître de plus en plus les faits qui semblaient incompatibles avec une hypothèse semblable, notamment la présence de volcans actifs situés dans l'intérieur des continents, à une distance considérable de toute mer. C'est ainsi que déjà Humboldt citait dans ce nombre les volcans de l'Asie centrale, dans les environs des villes de Urumdschu, Turfan, Kutcha et Kuldja. Or, les explorations de MM. Semenow, Venukoff, et tout récemment de E. F. J. Mouchtckoff, enlèvent à ces localités tout caractère de volcans proprement dits. D'accord avec ses prédécesseurs, M. Mouchtekoff (vol. *les Volcans de l'Asie centrale* dans le *Bull. de l'Acad. de St-Pétersbourg*, ann. 1877, vol. XXIII, p. 70-79) a trouvé que les phénomènes éruptifs dont il s'agit, ne sont que l'effet de la combustion spontanée de dépôts houillers, très-développés dans ces contrées, surtout dans les parages de Kuldja. Ces dépôts appartiennent probablement à la formation triasique, et la houille qu'ils renferment paraît être tellement abondante, que, selon M. Mouchtekoff, elle pourrait fournir du combustible pendant deux mille années, si l'exploitation annuelle ne dépassait point un million de pouds (environ 16 millions de kilogrammes). Dans le bassin d'Ili, on aperçoit non-seulement les traces d'anciennes combustions de houille, mais des conflagrations de cette nature y sont encore en pleine activité. C'est au reste ce qui a été également constaté sur divers points de l'Afrique et de l'Europe, notamment en Abyssinie et en Allemagne, où bien des phénomènes, considérés autrefois comme volcaniques, ont été réduits à des combustions·spontanées de dépôts de houille, situés à une profondeur plus ou moins considérable de la surface du sol.

3° Parmi les vingt-quatre groupes insulaires passés en revue, dix (Madagascar, Seychelles, Fidji, Nouvelle-Calédonie, Nouvelle-Zélande, Norfolk, Chatham, Auckland, Campbell et Falkland) offrent des dépôts sédimentaires ou des roches cristallines susceptibles d'une détermination approximative de leur âge, puisqu'il est permis de le rattacher à une époque géologique plus ou moins ancienne.

Les quatorze autres groupes (Açores, Canaries, Madère, Cap-Vert, Ascension, Sainte-Hélène, Mascareignes, Sandwich, Juan-Fernandez, Tristan d'Acunha, Galapagos, Kerguelen, Saint-Paul et Amsterdam) sont presque tous composés de roches volcaniques, particulièrement de basalte et de trachyte. Parmi ces groupes, il en est, tels que les Açores (île Sainte-Marie), les Canaries, les îles Saint-Paul et Amsterdam, dont l'âge a pu être déterminé à l'appui de données positives qui permettent de rapporter ces îles à l'époque tertiaire, tandis que les autres conduisent également à la même conclusion, mais plutôt par voie d'induction et d'analogie, en considérant que les basaltes et les trachytes figurent au nombre des roches éminemment caractéristiques pour les temps tertiaires et modernes. C'est un des faits les plus anciennement admis par les géologues de toutes les écoles : aussi l'un des plus profonds connaisseurs des phénomènes volcaniques, le

savant Daubeny, après avoir discuté la question à fond, a cru pouvoir
déclarer (*loc. cit.*, p. 685) que c'est à l'époque tertiaire, ou même post-
tertiaire, qu'appartiennent non-seulement les basaltes, mais encore les trachytes, dont nous ne connaissons pas, dit-il, « un seul exemple d'un âge
antérieur à cette époque ». Et s'il était nécessaire de grossir l'imposante
masse de faits qui servent de base à cette assertion, j'aurais pu ajouter
que, pendant mes longues explorations de l'Asie Mineure, contrée classique
des roches ignées, je n'ai jamais été dans le cas de constater une seule
éruption trachytique ou basaltique qui ne pût se rapporter à l'époque
tertiaire.

En conséquence, c'est en s'appuyant sur des considérations décisives que
nous sommes en droit de rattacher aux époques tertiaires ou modernes la
très-grande majorité des quatorze groupes insulaires dont il s'agit, et dont
plusieurs, de nature exclusivement volcanique, sont sans doute d'origine
sous-marine.

Or, maintenant que nous pouvons admettre parmi ces îles océaniques
deux groupes très-distincts, dont l'un se rapporte à l'âge paléozoïque ou
du moins secondaire, et l'autre au contraire aux temps tertiaires ou modernes, il ne nous reste qu'à examiner jusqu'à quel point le caractère végétal de ces îles est en rapport avec leur âge géologique, ainsi qu'avec leur
position à l'égard des continents.

4° Dans l'état actuel de nos connaissances, il serait impossible de ranger
avec certitude toutes les îles dont il s'agit, d'après les proportions que
présentent leurs flores entre les espèces endémiques et la totalité de leur
végétation. Ainsi, malgré les nombreux travaux dont les îles de Madagascar,
la Nouvelle-Calédonie, Kerguelen et les îles Saint-Paul et Amsterdam
ont été l'objet, nous ne possédons pas encore de données suffisantes sur le
chiffre réel de leurs espèces endémiques. Toutefois, comme nous connaissons
les proportions qu'offrent à cet égard certaines plantes inférieures de la
végétation de ces îles, nous pouvons avec d'autant plus de vraisemblance
admettre des rapports semblables dans les plantes phanérogamiques, que
c'est précisément dans ces îles que la faune présente un caractère spécial
à un degré beaucoup plus élevé encore que les végétaux inférieurs. ˙ C'est

---

* J'ai déjà rapporté dans ma note à la page 781 les importantes observations de
M. Blanchard sur le caractère éminemment local de la faune de Madagascar, observations auxquelles on peut ajouter ce fait curieux, que parmi les formes animales
que Madagascar possède en propre, il en est qui habitent exclusivement certains
points de l'île : dans ce nombre figurent le gracieux Lémurien *Lemur Catta* (Brehm
Thierleben, 2ᵉ édit., vol. 1, p. 253) et le *Chiromyida madagascariensis*, créature
anormale, qu'après avoir tour à tour rangée dans divers ordres et familles, les zoo-

ainsi qu'à Madagascar (voy. ma note page 781), où 2 familles et 6 genres de plantes phanérogames sont propres à cette île, la proportion entre les plantes endémiques et la totalité de la flore est, selon toute apparence, pas inférieure à celle (50 pour 100) qui a été constatée dans les îles Masca-reignes, distantes seulement à 150 lieues de Madagascar. C'est encore à peu près le chiffre proportionnel qu'on serait porté à admettre pour la Nouvelle-Calédonie (voy. ma note p. 794), où le tiers des Fougères et presque la moitié des Mousses sont particulières à cette île. De même dans les îles Saint-Paul et Amsterdam (voy. ma note page 818), sur 30 espèces de Mousses 22 appartiennent exclusivement à ces îles, et dans l'île Saint-Paul, parmi les 13 espèces de Lichens que possède l'île, 10 lui sont propres. D'autre part, la faune y a un caractère tellement spécial, que sur 10 espèces de Poissons, 7 sont endémiques, et sur 40 espèces de Mollusques, 33 le sont également. On serait donc plutôt au-dessous qu'au-dessus de la vérité, en admettant que la moitié de la flore de ces deux îles est représentée par des espèces endémiques. Enfin, dans les îles de Juan-Fernandez, de Norfolk, d'Auckland et de Campbell, on a constaté un certain nombre de genres endémiques, ce qui, eu égard à l'exiguïté de ces îles, annonce une flore d'un caractère éminemment spécial : ainsi on connaît à Juan-Fernandez 4 genres propres, renfermant 15 espèces ; à Norfolk, 6 genres, et dans les îles Auckland et Campbell, 26 endémiques. Nous pourrons donc, avec beaucoup de probabilité, admettre pour ces quatre îles à peu près la même proportion, relativement aux espèces endémiques, que nous avons admise (50 pour 100) dans les îles de Madagascar, dans la Nouvelle-Calédonie et dans les îles Saint-Paul et Amsterdam. En conséquence, si nous plaçons les archipels océaniques d'après l'importance des chiffres proportionnels de leurs espèces endémiques, voici l'ordre dans lequel se rangeront les 24 archipels suivants, où cette proportion a pu être établie plus ou moins approximativement [1] :

logistes ont fini par considérer comme le type d'une famille particulière (*Leptodactyla* ou *Chiromyida*) appartenant à l'ordre des demi-Singes ou *Hémipithèques*. La localisation de ce curieux animal est tellement tranchée et restreinte, que lorsque pendant son séjour sur la côte occidentale de Madagascar, Sonnerat en prit dans les forêts deux individus qu'il transporta dans sa demeure, quelques indigènes de la côte orientale qui eurent l'occasion de les voir chez le voyageur furent frappés de surprise à l'aspect d'un animal complétement inconnu dans la partie de l'île qu'ils habitaient, et comme ils manifestaient leur étonnement par des cris répétés de : Aye ! Aye ! Sonnerat crut pouvoir se servir de cette interjection pour désigner le nouvel animal en l'appelant *Aye-Aye*. (Brehm, *loc. cit.*, p. 227.)

[1] Dans le tableau que j'ai dressé, et qui, sans doute, n'est qu'une première ébauche très-imparfaite, eu égard à l'insuffisance des matériaux, les distances n'ont été marquées que pour les archipels ou îles séparés des continents par la mer

NOMS DES ARCHIPELS.	Proportion entre les espèces endémiques et le total de la végétation.	Profondeur de la mer en mètres dans la proximité immédiate des îles.	Distance en lieues métriques des continents les plus rapprochés.	Age géologique approximatif.
Sainte-Hélène (16° lat. S.).....	89 p. 100	2500 ?	550	Tertiaire.
Nouv.-Zélande (34°-48° lat. S.).	72	0-1820 .	»	Paléozoïque.
Sandwich (19° 22' lat N.).....	Plus de 60	0-1820	1050	Tertiaire.
Galapagos (Équateur)........	Plus de 50	0-1820	200	Tertiaire.
Madagascar (12°-26° lat. S.)....		?	100	Paléozoïque.
Nouv.-Calédonie (20°-23° lat.S.).		0-1820	»	Paléozoïque, en partie.
Aukland (51° lat. S.)........		0-1820	»	Paléozoïque, en partie.
Campbell (53° lat. S.)........	Environ 50	1820-2610	»	Paléozoïque, en partie.
Norfolk (29° lat. S.)...........		0-1820	»	Paléozoïque, en partie.
St-Paul et Amsterdam (38°-39° lat. S.)......		2600 ?	1025	Tertiaire.
Juan-Fernandez (34° lat. S.)...		0-1820	175	Tertiaire.
Mascareignes (20°-21° lat. S.)..	50	3700 ?	»	Tertiaire.
Fidji (16°-20° lat. S.)........		0-1820	»	Paléozoïque, en partie.
Ascension (8° lat. S.)....		2500 ?	575	Tertiaire.
Kerguelen (50° lat. S.)........	27?	380	1100	Tertiaire.
Tristan d''Acunha (37° lat. S.)..		2500 ?	725	Tertiaire.
Canaries (30°-33° lat. N.)......	27-28	182-1820	5	Tertiaire.
Falkland (50°-55° lat. S.)	20	?	150	Paléozoïque.
Rodriguez (19°-20° lat. S.)....	Plus de 18	?	»	Tertiaire ?
Seychelles (3°-6° lat. S.)......	Plus de 17	?	29	Paléozoïque ?
Cap-Vert (15°-18° lat N.).....	16	182-1820	50	Tertiaire.
Madère (33° lat. N.)..........	15	1800-2700	25	Tertiaire.
Açores (37°-36° lat N.).......	7-8	182-1820	475	Tertiaire.
Chatham (44° lat. S.).........	6-7	2610-5400	2000	Paléozoïque, en partie.

Il résulte de cette classification des îles océaniques d'après leur richesse en formes endémiques, que le caractère original de leur végétation, aussi bien que de leur faune, est bien loin d'être toujours en rapport, ni avec leur âge géologique, ni avec leur position à l'égard des continents. Ainsi l'île de Sainte-Hélène, la plus riche en formes éminemment locales, est précisément l'une des plus modernes dans les annales géologiques, et il en est de même d'un grand nombre des îles volcaniques de date relativement peu ancienne, mais douées cependant d'une végétation souvent pas moins originale que des îles qui, telles que Madagascar, la Nouvelle-Calédonie, la Nouvelle-Zélande, etc., remontent aux époques les plus reculées de notre globe. D'autre part, bien que la proximité des continents

seule, sans intermédiaire d'autres groupes insulaires; elles sont exprimées en chiffres ronds, l'exactitude mathématique n'étant point indispensable à l'appréciation de l'action produite par les distances sur le monde organique. Quant aux chiffres bathométriques, ils ont été en grande partie empruntés à la belle carte de M. Petermann (*Tiefenkarte des Grossen Oceans, Mittheil.*, etc, ann. 1877, vol. XXIII), en convertissant les fathoms ou brasses en mètres.

semble devoir faciliter l'échange entre les espèces végétales et animales, en sorte qu'on serait naturellement porté à admettre que les îles les plus voisines de la terre ferme seraient les moins susceptibles de conserver une flore ou une faune spéciales, c'est précisément le contraire qui a lieu très-souvent dans les îles océaniques qui nous occupent. Ainsi il est vrai que parmi ces dernières, des îles très-distantes des continents, telles que les îles Sandwich, Sainte-Hélène, etc., sont en effet au nombre des plus riches en formes endémiques; par contre il en est qui, presque aussi éloignées des continents et même davantage, telles que les Açores et les îles Chatham (les plus éloignées de toutes) figurent parmi les plus pauvres sous ce rapport, et en tout cas sont bien moins favorisées que les Canaries, qui sont précisément les plus voisines de la terre ferme. Mais parmi tous les archipels relativement rapprochés des continents et néanmoins remarquables par l'originalité de leur flore et de leur faune, ce sont sans doute les Galapagos qui occupent le premier rang, car plus de la moitié de leur flore est composée d'espèces endémiques, tandis que leur faune, ainsi que nous l'avons vu (p. 865), présente un phénomène d'autant plus inexplicable que les îles Galapagos figurent parmi les créations géologiques les plus récentes, ce qui fait que le caractère pour ainsi dire de vétusté imprimé à leur faune et en partie à leur flore contraste singulièrement avec la jeunesse de la terre qu'ils habitent et constitue un anachronisme mystérieux.

5° Nous pouvons donc formuler ainsi, en termes généraux, la conclusion principale suggérée par l'étude rapide que nous venons de faire : Dans l'état actuel de nos connaissances, les curieuses anomalies que nous présentent la flore et la faune des îles océaniques ne sauraient être suffisamment expliquées ni par leur histoire géologique, ni par leur position à l'égard des continents, pas plus que par des influences atmosphériques ou par les conditions bathométriques de la mer au milieu de laquelle elles surgissent; car si le climat pouvait donner lieu à de telles anomalies, celles-ci se reproduiraient, dans de certaines proportions, sur la terre ferme située sous la même latitude et souvent à peu de distance de ces îles; et quant à la profondeur des mers, elle varie considérablement, ainsi que le fait voir graphiquement la belle carte bathométrique de Petermann (*loc. cit.*), et n'a aucun rapport appréciable, ni avec les conditions physiques des îles, ni avec l'âge de leurs soulèvements, en sorte que les plus récentes se trouvent quelquefois au milieu d'une mer très-profonde, et *vice versâ*. Enfin, on pourrait en dire autant des courants qui baignent les îles océaniques, bien que l'action que les courants, en général, exercent sur la végétation soit beaucoup plus appréciable et plus importante que celle des conditions bathométriques. Il n'en est pas moins vrai que cette action n'est pas assez puissante pour modifier sensiblement la physionomie d'une flore. Ainsi nous avons déjà rapporté (p. 753) l'observation de M. Fouqué sur le nombre relativement peu considérable des plantes américaines (seulement quatre espèces) qui sont parvenues à s'établir dans les Açores, malgré la masse de semences et de fruits que leur envoie l'Amérique par l'entremise du Gulf-stream; et l'on pourrait même ajouter que si les courants modifiaient réellement la végétation par l'adjonction d'éléments étrangers, c'est le caractère américain qui aurait dû prévaloir dans les contingents apportés par cette voie aux îles océaniques (du moins de celles qui nous occupent), parce que la majorité de ces dernières se trouvent exposées directement ou indirectement aux courants venant de l'Amérique, soit de ses côtes orientales et traversant alors l'Atlantique, en moyenne d'ouest à l'est, soit de ses côtes occidentales en parcourant le Pacifique d'est à l'ouest. Or, si dans de telles conditions les courants se sont montrés impuissants à produire sur la végétation un effet d'une importance quelconque, à plus forte raison leur action, en général, n'a pu avoir une large part dans la création ou le développement du type spécial qui caractérise la végétation de ces îles. Il est donc évident que la solution de l'importante question dont il s'agit se rattache à certains faits qui échappent encore à notre appréciation, et qui ne pourront nous être révélés qu'à la suite d'études approfondies de tous ces groupes insulaires disséminés, pour ainsi dire, comme autant de petits mondes au milieu de l'immense Océan.

TABLE DES MATIÈRES

PARIS. — IMPRIMERIE DE E. MARTINET. RUE MIGNON, 2

2ᵉ Série. — N° 120.   Mars 1877.

BULLETIN MENSUEL
DES NOUVELLES PUBLICATIONS
DE LA LIBRAIRIE J.-B. BAILLIÈRE ET FILS
19, rue Hautefeuille, près le boulevard Saint-Germain.

DESCRIPTION DES ANIMAUX SANS VERTÈBRES

DÉCOUVERTS DANS LE BASSIN DE PARIS

POUR SERVIR DE SUPPLÉMENT À LA DESCRIPTION DES COQUILLES FOSSILES DES ENVIRONS DE PARIS

Comprenant une revue générale de toutes les espèces actuellement connues

Par G.-P. DESHAYES

Professeur au Muséum d'histoire naturelle, Membre de la Société géologique de France et de Londres

OUVRAGE COMPLET PUBLIÉ EN 50 LIVRAISONS

3 vol. in-4 de texte et 2 vol. d'atlas, comprenant 195 pl. lith. cart. 250 fr.

DESHAYES (G.-P.). **Conchyliologie de l'île de la Réunion** (Bourbon). Paris, 1863, gr. in-8, 144 p., avec 14 pl. coloriées.. 10 fr.
— **Coquilles fossiles des environs de Paris**. Paris, 1824-1837, 166 planches seules avec texte explicatif, en 2 volumes in-4 cartonné. (Quelques exemplaires seulement.)... 120 fr.
— **Description de quelques espèces de Mollusques** nouveaux ou peu connus, envoyés de Chine par l'abbé David. Paris, 1875, 2 parties in-4, avec planches coloriées.. 8 fr.

GÉOLOGIE ET PALÉONTOLOGIE DE L'ASIE MINEURE

Par P. de TCHIHATCHEF

Correspondant de l'Institut de France

Avec le concours de MM. D'ARCHIAC, DE VERNEUIL, FISCHER, BRONGNIART ET UNGER

4 volumes grand in-8 jésus, accompagnés d'une *grande carte géologique du Bosphore*, jointe aux textes ; de 2 *très grandes cartes géologique et itinéraire de l'Asie Mineure* sur papier double in-plano colombier en dehors des textes, et un magnifique *atlas* grand in-4, représentant des coquilles, des animaux et des végétaux fossiles.
Ensemble............ 130 fr.

Séparément :

LA PALÉONTOLOGIE, par MM. D'ARCHIAC, DE VERNEUIL, P. FISCHER, BRONGNIART et UNGER, 1 vol. très-grand in-8, et un *Atlas* très-grand in-4, composé de 20 pl..... 70 fr,
LA GÉOLOGIE, 3 vol. grand in-8 très-forts et les cartes géologiques, exécutées à Gotha. par Justus Perthes, sous la surveillance de M. KIEPERT.................. 70 fr.

ÉLÉMENTS DE GÉOLOGIE ET DE PALÉONTOLOGIE

Par CH. CONTEJEAN

Professeur d'histoire naturelle à la Faculté des sciences de Poitiers

1874, 1 vol. in-8 de XX-748 pages avec 467 figures. Cart : 16 fr.

Les matières ont été distribuées en quatre parties : la PREMIÈRE est une *Description générale de l'univers*, où l'on indique les relations de la terre avec les autres astres et la place qu'elle occupe dans le grand Tout ; la DEUXIÈME est consacrée à la *Description physique du globe ;* la TROISIÈME, à l'*Étude des phénomènes qui se manifestent actuellement à sa surface ou dans son intérieur*, et dont la connaissance est une préparation indispensable à l'étude des phénomènes anciens, auxquels la terre doit son état actuel. Ceux-ci font l'objet d'une QUATRIÈME et dernière partie.

ENVOI FRANCO CONTRE UN MANDAT SUR LA POSTE.

TRAITÉ DE PALÉONTOLOGIE VÉGÉTALE

OU LA FLORE DU MONDE PRIMITIF DANS SES RAPPORTS
AVEC LES FORMATIONS GÉOLOGIQUES ET LA FLORE DU MONDE ACTUEL

Par P.-V. SCHIMPER

Professeur de géologie à la Faculté des sciences et directeur du Musée d'histoire naturelle de Strasbourg

Paris, 1869-1874, 3 vol. grand in-8

avec atlas de 110 planches grand in-4 lithographiées. — 150 fr.

Le tome III, 1874, gr. in-8 de 880 p. avec atlas de 20 planches. — 50 fr.

Dans ces dernières années la paléontologie végétale a fait de grands progrès, et le nombre des espèces connues a été plus que quadruplé. Les flores des terrains crétacés et tertiaires, à peine connues, il y a vingt ans, dans leurs traits généraux, ont fourni depuis lors des matériaux étendus et de la plus grande importance scientifique.

Les flores des époques plus anciennes ont été aussi enrichies par des découvertes et des publications incessantes en Angleterre, en Allemagnes en Italie, en Portugal, aux Indes, etc.

Cet ouvrage peut être considéré comme le complément du *Traité de paléontologie* du professeur Pictet; toutefois le plan en est un peu différent, car il donne non-seulement les caractères distinctifs des genres, mais aussi ceux des espèces.

L'histoire naturelle spéciale des végétaux fossiles est précédée d'une introduction étendue, et suivie du *Tableau synoptique des diverses flores indiquant l'ordre de leur succession chronologique et leur mode de distribution dans les formations auxquelles elles appartiennent.*

L'atlas donne les principaux types des végétaux fossiles décrits dans l'ouvrage et les détails nécessaires à l'interprétation de la nervation des organes foliaires pris sur les plantes de l'époque actuelle.

Les figures sont ou empruntées aux meilleures sources ou dessinées d'après nature.

GÉOLOGIE DES ENVIRONS DE PARIS

ou
DESCRIPTION DES TERRAINS ET ÉNUMÉRATION DES FOSSILES QUI S'Y RENCONTRENT
Suivie d'un Index géographique des localités fossilifères
COURS PROFESSÉ AU MUSÉUM D'HISTOIRE NATURELLE

Par STANISLAS MEUNIER
AIDE-NATURALISTE AU MUSÉUM D'HISTOIRE NATURELLE, DOCTEUR ÈS SCIENCES

1875, in-8°, 510 pages accompagnées de 112 figures intercalées dans le texte, 10 fr.

Un nouveau travail d'ensemble sur la géologie des environs de Paris était nécessaire. Recueillant les matériaux épars dans les recueils scientifiques, mettant à profit l'expérience acquise par lui dans l'enseignement au Muséum d'histoire naturelle et dans des excursions géologiques, M. S. Meunier apporte sur toutes les questions son tribut d'observations précises et d'aperçus importants.

Le plan qu'il a suivi dans son exposition consiste simplement à décrire successivement les assises du terrain parisien dans l'ordre décroissant de leur ancienneté. Pour chacune d'elles, il a fait connaître les allures des couches au moyen de coupes locales et cherché à définir l'étendue géographique qu'elles recouvrent. Une place très-importante a été donnée à l'énumération des vestiges fossiles de tous les âges. Outre de nombreuses coupes dessinées d'après les croquis de M. Meunier, on trouvera dans ce livre la représentation de coquilles caractéristiques faite d'après les échantillons du Muséum d'histoire naturelle. On y trouvera également le catalogue des Mollusques et fluviatiles des environs de Paris à l'époque quaternaire, dressé par M. Bourguignat.

ENVOI FRANCO CONTRE UN MANDAT SUR LA POSTE.

CRANIA ETHNICA
LES CRANES DES RACES HUMAINES
DÉCRITS ET FIGURÉS
D'APRÈS LES COLLECTIONS DU MUSÉUM D'HISTOIRE NATURELLE DE PARIS
DE LA SOCIÉTÉ D'ANTHROPOLOGIE DE PARIS
ET LES PRINCIPALES COLLECTIONS DE LA FRANCE ET DE L'ÉTRANGER
PAR MM.

A. de QUATREFAGES

Membre de l'Institut (Académie des sciences),
Professeur d'anthropologie
au Muséum d'histoire naturelle

Ernest T. HAMY

Aide-naturaliste d'anthropologie au Muséum
d'histoire naturelle

OUVRAGE ACCOMPAGNÉ DE PLANCHES LITHOGRAPHIÉES D'APRÈS NATURE

Par H. FORMANT
Et illustré de nombreuses figures intercalées dans le texte

En vente, livraisons I à V gr. in-4 :

TEXTE, feuilles 1 à 28 ou pages 1 à 184. — Explication des planches, feuille 1 et 2.
— PLANCHES 1 à 50.

Prix de chaque livraison : 14 francs.

Cet ouvrage formera un volume d'environ 500 pages de texte descriptif et raisonné avec nombreuses figures sur bois intercalées dans le texte et 100 planches lithographiées. Il sera publié en 10 livraisons, chacune de 5 à 6 feuilles de texte et de 10 planches environ; 5 sont publiées que nous annonçons. Prix de chaque livraison : 14 fr.

« La science manquait d'un travail qui, résumant toutes les données éparses dans les publications diverses, constituât une véritable monographie du crâne de l'homme.

» L'ouvrage est une œuvre unique en son genre. Elle résume les travaux modernes, les contrôle, et fixe définitivement leur place dans la science en même temps qu'elle les fait entrer dans une vaste conception synthétique qui leur donne un intérêt tout nouveau.

» Les auteurs entrent d'emblée dans la description des crânes ethniques, et leur premier chapitre est consacré aux races humaines fossiles. Elles ne sont guère connues depuis plus d'une douzaine d'années. Leur étude a depuis lors été poursuivie avec une grande activité, et les nombreuses découvertes qui se sont succédé ont enrichi la science de nombreux débris de l'homme *quaternaire* ou postpliocène. L'étude du crâne de ces ancêtres éloignés, contemporains du mammouth, s'imposait donc au début de l'ouvrage. MM. de Quatrefages et Hamy ont réussi à reconstituer trois races quaternaires au moins.

» Toutes les pièces propres à éclairer l'étude de la plus vieille des races humaines connues sont successivement l'objet d'une description minutieuse et précise, accompagnée de gravures dans le texte et de planches dessinées directement sur la pierre en projection géométrique à l'aide du diagraphe de Gavard. De cette manière l'esquisse est géométriquement exacte, et l'on y peut prendre, comme sur la pièce elle-même, les mesures. Les auteurs trouvent dans l'étude anatomique de ces fragments la preuve non douteuse qu'ils ont tous appartenu à une seule et même race. A la suite de cette partie descriptive, MM. de Quatrefages et Hamy passent à une étude des plus intéressantes et éminemment originale. On peut avancer, sans dépasser la vérité, que cet important ouvrage fera époque dans la science anthropologique. »

FOLEY (A.-E.). **Histoire naturelle de l'homme** (quatre années en Océanie) et des sociétés qu'il organise. Paris, 1866-1876, 2 vol. in-8 avec planches....... 7 fr.

ENVOI FRANCO CONTRE UN MANDAT SUR LA POSTE.

SPECIES GENERAL ET ICONOGRAPHIE
DES COQUILLES VIVANTES

COMPRENANT LA COLLECTION D'HISTOIRE NATURELLE DE PARIS

LA COLLECTION LAMARCK

CELLE DU PRINCE MASSÉNA (APPARTENANT A M. B. DELESSERT)

ET LES DÉCOUVERTES RÉCENTES DES VOYAGEURS

Par L. C. KIENER

Conservateur des collections du Muséum d'histoire naturelle

Par le docteur P. FISCHER

Aide-naturaliste au Muséum d'histoire naturelle

LIBRAIRIE J.-B. BAILLIERE ET FILS

Le *Spécies et Iconographie des Coquilles*, de KIENER, continué par M. P. FISCHER, continue à paraitre par livraisons. 140 livraisons sont en vente.

Prix de la livraison grand in-8° raisin, figures coloriées. .   6 fr.

La livraison in-4° vélin, figures coloriées. . . . . . .   12 fr.

Les livraisons 139 et 140 contiennent le texte complet du genre *Turbo*, rédigé par M. FISCHER, 128 pages et 6 planches nouvelles.

Voici la liste des monographies parues, avec le nombre de pages et de planches dont elles se composent, et le prix auquel chaque famille, chaque genre, se vendent séparément format grand in-8° :

FAMILLE DES ENROULÉES				FAMILLE DES PURPURIFÈRES			
1 vol.	**Pages**	**Pl.**	**Prix**	**2 vol.**	**Pages**	**Pl.**	**Prix**
G. Porcelaine (*Cypræa*, LIN.). .	166	57	57fr.	G. Cassidaire (*Cassidaria*, LAM.)	10	2	2 fr
— Ovule (*Ovula*, BRUG.). . . .	26	6	6	— Casque (*Cassis*, LAM.). . . .	40	16	16
— Tariere (*Terebellum*, LAM.). .	3	1	1	— Tonne (*Dolium*, LAM.). . . .	16	5	5
— Ancillaire (*Ancillaria*, LAM.).	29	6	6	— Harpe (*Harpa*, LAM.). . . .	12	6	6
— Cône (*Conus*, LIN.).	379	111	111	— Pourpre (*Purpura*, ADANS). .	151	46	46
			181	— Colombelle (*Columbella*,LAM.)	65	16	16
FAMILLE DES COLUMELLAIRES				— Buccin (*Buccinum*, ADANS). .	108	31	31
1 vol.				— Eburne (*Eburna*, LAM.). . .	8	3	3
G. Mitre (*Mitra*, LAM.)	120	34	34	— Struthiolaire (*Struthiolaria*).	6	2	2
— Volute (*Voluta*, LAM.). . . .	69	52	52	— Vis (*Terebra*, LAM.).	42	14	14
— Marginelle (*Marginella*, LAM.)	44	13	13				141
			99	**FAMILLE DES TURBINACÉES**			
FAMILLE DES AILÉES				**1 vol.**			
1 vol.				G. Turritelle (*Turritella*, LAM.).	46	14	14
G. Rostellaire (*Rostellaria*, LAM.)	14	4	4	— Scalaire (*Scalaria*, LAM.) . .	22	7	7
— Ptérocère (*Pterocera*, LAM.)	15	10	10	— Cadran (*Solarium*, LAM.) . .	12	4	4
Strombe (*Strombus*, LIN.). .	68	34	34	— Roulette (*Rotella*, LAM.) . .	10	3	3
			48	— Dauphinule (*Delphinula*, LAM)	12	4	4
FAMILLE DES CANALIFÈRES				— Phasianelle (*Phasianella*) . .	11	5	5
3 vol.				— Turbo (*Turbo*, MONTF.). . IV-128		43	50
G. Cérite (*Cerithium*, BRUG.) . .	104	32	32	— Troque (*Trochus*, LIN.). (En			
— Pleurotome (*Pleurotoma*). .	84	27	27	cours de publication, sera			
— Fuseau (*Fusus*, LAM.). . . .	62	31	31	terminé par M. Fischer). .	»	56	»
— Pyrule (*Pyrula*, LAM.). . .	34	15	15				
— Fasciolaire (*Fasciolaria*,LAM.)	18	13	13	**FAMILLE DES PLICACÉES**			
— Turbinelle (*Turbinella*, LAM.)	50	21	21	G. Tornatelle (*Tornatella*, LAM.).	6	1	1
— Cancellaire (*Cancellaria*) . .	44	9	9	— Pyramidelle (*Pyramidella*) . .	8	2	2
— Rocher (*Murex*, LAM.). . . .	130	47	47				3
— Triton (*Triton*, LAM.). . . .	18	18	18	**FAMILLE DES MYAIRES**			
— Ranelle (*Ranella*, LAM.). . .	40	15	15	G. Thracie (*Thracia*, LEACH) . .	7	2	2
			228				

Prix des 140 livraisons parues in-octavo, 840 fr.

Prix d'une reliure de luxe, dos en maroquin, les planches montées sur onglet, tranche supérieure dorée, 6 fr. le volume in-octavo.

On peut acquérir chaque famille, chaque genre, format in-4° au double du prix indiqué ci-dessus pour l'édition in-8°

ENVOI FRANCO CONTRE UN MANDAT SUR LA POSTE.

GENRES TROQUE ET TURBO

La monographie du genre *Turbo* a été commencée il y a plusieurs années par M. Kiener, qui avait fait graver trente-six planches représentant la plus grande partie des espèces connues.

M. P. Fischer a rédigé le texte du genre *Turbo*, et complété la série de planches qui s'y rapportent. Cette monographie est maintenant terminée.

M. Fischer a apporté tous ses soins à la description et surtout à la synonymie des espèces, qui est généralement laissée de côté dans la plupart des grandes publications iconographiques; il s'est également attaché à la distribution géographique, dont il est impossible aujourd'hui de ne pas tenir compte, et, dans ce but, il a mis à contribution les sources les plus multipliées.

Les livraisons 139 et 140 contiennent le texte complet du genre *Turbo* rédigé par M Fischer, IV-128 pages et 6 planches nouvelles. Prix des deux livraisons in-8, 12 fr.

La monographie complète du genre *Turbo*, avec 43 planches, est en vente au prix de 50 fr.

Les livraisons 141 à 152 contiennent le texte du genre *Troque*, feuilles 1 à 12 ou pages 1 à 192 et jusqu'à la planche 86 (5 planches complémentaires et nouvelles).

GODRON. **De l'espèce et des races** dans les êtres organisés et spécialement de l'unité de l'espèce humaine. Deuxième édition. Paris, 1872, 2 vol. in-8... 12 fr.

PRICHARD (J.-C.). **Histoire naturelle de l'homme** comprenant des recherches sur l'influence des agents physiques et moraux comme causes des variétés qui distinguent entre elles les différentes races humaines. Membre de la Société royale de Londres. Traduit de l'anglais par F.-D. Roulin, 2 vol in-8, avec 40 planches coloriées et 90 figures.. 20 fr.

DE LA PLACE DE L'HOMME DANS LA NATURE

Par Th. HUXLEY

Membre de la Société royale de Londres.

Traduit, annoté et précédé d'une introduction par le docteur E. DALLY

AVEC UNE PRÉFACE DE L'AUTEUR POUR L'ÉDITION FRANÇAISE

1 vol. in-8 avec 67 figures. — 7 fr.

L'ANCIENNETÉ DE L'HOMME PROUVÉE PAR LA GÉOLOGIE

Par sir CHARLES LYELL

Membre de la Société royale de Londres.

TRADUIT AVEC LE CONSENTEMENT ET LE CONCOURS DE L'AUTEUR

Par M. Maurice CHAPER

Deuxième édition, revue et annotée

Augmentée d'un précis de paléontologie humaine

Par E. T. HAMY

1870, 1 vol. in-8 de près de 1000 pages avec 182 figures dans le texte et 2 planches sur papier teinté. — Cartonné en toile : 16 fr.

SÉPARÉMENT : PRÉCIS DE PALÉONTOLOGIE HUMAINE

Par E. T. HAMY

1 vol. in-8 de 376 pages avec 114 figures. — 7 fr.

ENVOI FRANCO CONTRE UN MANDAT SUR LA POSTE.

TRAITÉ DE PALÉONTOLOGIE

OU HISTOIRE NATURELLE DES ANIMAUX FOSSILES

CONSIDÉRÉS DANS LEURS RAPPORTS ZOOLOGIQUES ET GÉOLOGIQUES

Par F. J. PICTET

Professeur de zoologie et d'anatomie comparée à l'Académie de Genève, etc.

DEUXIÈME ÉDITION

Paris, 1853-1857, 4 vol in-8 avec atlas de 110 planches gr. in-4. — 80 fr.

TOME 1er. — 1re partie. Considérations générales sur la paléontologie, sur la manière dont les fossiles ont été déposés, leurs apparences diverses, l'exposition des méthodes qui doivent diriger dans la détermination et la classification des fossiles. — 2e partie. Histoire naturelle spéciale des animaux fossiles. — I. Vertébrés. 1o Mammifères ; 2e Oiseaux ; 3o Reptiles.
TOME II. — 4o Poissons. — II. Articulés ou Annelés. 1o Insectes ; 2o Myriapodes ; 3o Arachnides ; 4o Crustacés ; 5o Annelides. — III. Mollusques. 1o Céphalopodes.
TOME III. — 2o Gastéropodes ; 3o Acéphales.
TOME IV. — 4o Brachiopodes ; 5o Bryozoaires ; — IV. Zoophytes ou Rayonnés. 1o Échinodermes 2o Acalèphes ; 3o Polypes ; 4o Foraminifères ; 5o Infusoires ; 6o Spongiaires. — 3e partie. Applications de a paléontologie à l'histoire du globe. Table alphabétique des quatre volumes.

Ţ — **Matériaux pour la paléontologie suisse**, publiés par F. J. PICTET. Genève, 1854-1872. 1re série, 4 parties publiées en 11 livraisons, avec 64 pl. in-4.. 95 fr.
2e *série*, 2 parties, publiées en 12 livraisons formant 2 vol. in-4, avec 55 planches géologiques et atlas de 7 pl. in-folio.......................... 125 fr.
3e *série*, publiée en 16 livraisons in-4 avec planches.................... 136 fr.
4e *série*, publiée en 11 livraisons in-4 avec planches................... 95 fr.
5e *série*, publiée en 8 livraisons in-4 avec planches................... 68 fr.
6e *série*, publiée en 10 livraisons in-4 avec planches................... 84 fr.

— **Mélanges paléontologiques**, destinés à la publication de travaux monographiques, qui, par leur nature, ne peuvent pas trouver place dans les matériaux pour la paléontologie suisse. Genève, 1863-1868, tome Ier publié en 4 livraisons in-4 avec 44 planches.. 58 fr. 50

BARROIS (Ch.). **Recherches sur le terrain crétacé supérieur** de l'Angleterre et de l'Irlande. Paris, 1877, grand in-4, de 232 pages avec 3 cartes et 15 figures intercalées dans le texte.................................. 12 fr
BEAUMONT (Élie de). **Leçons de géologie pratique**, professées au collège de France. Paris, 1845-1849, 2 vol. in-8................................. 14 fr.
Séparément le tome II.. 5 fr
BERNARDI. **Monographie des genres Galatea et Fischeria**. In-4, 48 pages avec 9 pl. coloriées... 15 fr.
— **Monographie du genre Conus**. In-4, 24 pages, 2 pl. col. (6 fr.)..... 4 fr.
BIANCONI. **La théorie darwinienne et la création dite indépendante**. Lettre à M. Charles Darwin, par J. Joseph Bianconi, ancien professeur à l'université de Bologne. Bologne, 1874, in-8 de 342 pages avec 21 planches et figures intercalées dans le texte.. 15 fr.
BODWICH (E.-E.). **Excursions dans les îles de Madère et de Porto-Santo**, traduit de l'anglais, avec notes de MM. Cuvier et de Humboldt. Paris, 1826, 1 vol. in-8 et atlas in-4 de 22 pl. (25 fr.)............................... 10 fr.
BOURGUIGNAT. **Les Spiciléges malacologiques**. In-8 avec 15 pl. color... 25 fr.
BREBISSON (Alf. de). **Aperçu géologique des terrains de l'arrondissement de Falaise**, considérés dans leurs rapports avec l'agriculture et l'industrie. 1864, in-8 de 29 pages... 1 fr. 25
BROT (A.). **Matériaux pour servir à l'étude de la famille des Melaniens**. Catalogue systématique des espèces qui composent la famille des Melaniens. Genève, 1862, in-8 de 72 pages... 3 fr.
— **Additions et corrections** au Catalogue systématique des espèces qui composent la famille des Melaniens. Genève, 1868, in-8 de 64 pages, avec 3 pl. col... 6 fr.

ENVOI FRANCO CONTRE UN MANDAT SUR LA POSTE.

KONINCK (L. de). **Description des animaux fossiles** qui se trouvent dans le terrain
carbonifère de Belgique. Liége, 1844, 2 vol. in-4 dont un de 69 pl........ 60 fr.
Supplément 1851, in-4, 76 pages, avec 5 planches.................... 8 fr.

Cet important ouvrage comprend · 1° les Polypiers ; 2° les Radiaires ; 3° les Annélides ; 4° les Mollusques céphales et acéphales ; 5° les Crustacés ; 6° les Poissons, divisés en 85 genres et 434 espèces. C'est
un des ouvrages que l'on consultera avec le plus d'avantage pour l'étude comparée de la géologie et de la
conchyliologie.

— **Recherches sur les animaux fossiles :** 1re PARTIE. — Monographie du genre
Productus. Liége, 1847, in-4 de 278 p. avec un atlas in 4 de 17 pl...... 30 fr.
2e PARTIE. — Monographie des *Fossiles carbonifères de Bleiberg* en Carinthie. Bruxelles,
1873, in-4 de 116 pages avec 4 pl............................... 10 fr.

LAMARCK. **Histoire naturelle des animaux sans vertèbres.** *Deuxième édition,*
par G.-P. Deshayes et H. Milne Edwards. 11 vol. in-8 .... 60 fr.

LARTET et CHRISTY. **Reliquiæ aquitanicæ**, being contributions to the archæology
and palæontology of Perigord and the adjoining provinces of southern France, par
Ed. LARTET et CHRISTY Paris, 1865-1875, 1 vol. in-4 de 506 pages, avec 90 planches
lithographiées et 132 figures dans le texte..................... 72 fr. 25
— Le même, relié.. 85 fr.

Ouvrage complet, publié en 77 livraisons, composées chacune de 3 feuilles de texte et 6 planches.

LECANU. **Éléments de géologie,** par L.-B. Lecanu, professeur à l'École supérieure
de pharmacie de Paris. *Seconde édition,* 1857, 1 vol. in-18 jésus........... 3 fr

LECOQ. **Des glaciers et des climats,** ou des causes atmosphériques en géologie,
1847, in-8 de 556 pages (7 fr. 50)................................... 4 fr.

MICHELIN. **Iconographie zoophytologique.** Description par localités et terrains de
polypiers fossiles de France et des pays environnants. 1845. *Ouvrage complet.* 2 vol.
gr. in-4 dont 1 de 79 planches lithographiées...................... 35 fr.
Séparément, *Bassin parisien,* groupe supracrétacé. 1845, in-4 avec 4 pl (5 fr.). 4 fr.

MOQUIN-TANDON **Histoire naturelle des Mollusques terrestres et fluviatiles
de France,** contenant des études générales sur leur anatomie et leur physiologie, et
la description particulière des genres, des espèces, des variétés *Ouvrage complet.*
2 vol. gr. in-8 de 450 pages avec atlas de 54 planches, figures noires...... 42 fr.

OMALIUS D'HALLOY. **Des races humaines,** ou éléments d'ethnographie, 1 volume
in-8 (3 fr. 50)... 2 fr.

POTIEZ et MICHAUD. **Galerie des Mollusques,** ou catalogue descriptif et raisonné
des mollusques et coquilles du Muséum de Douai. 2 vol. gr. in-8, atlas de 70 planches.. 12 fr.

RAYNEVAL (comte de). **Coquilles fossiles de monte Mario,** terrains tertiaires des
environs de Rome. In-4, de 2 planches lithographiées.............. 3 fr. 50

REYNÈS. **Essai de géologie et de paléontologie aveyronnaises.** Paris, 1868,
gr. in-8 de 110 pages avec 7 pl................................. 6 fr.

RIVIÈRE (Émile). **Découverte d'un squelette humain de l'époque paléolithique.**
dans les cavernes de Baoussié-Roussé, dites grottes de Menton. Menton, 1873, in-4 de
64 p. et 2 photographies.. 8 fr.

Société géologique de France (Mémoires de la). 2e série, tomes I, II, III. publiés
chacun en 2 parties grand in 4, avec cartes, coupes et planches de fossiles. 1840-1850.
Les 3 volumes (90 fr.) .... 36 fr.
Cette série contient d'importants travaux de MM. Rozet, Pila, Thovent, Cornuel,
Viquesnel, Studer, Leymerie, d'Avohiac, Semuel Peace Pratt, Raulin, Delbos, J. Marcou,
Boué, Saint-Ange de Boissy, Coquand, Rouault.
Chaque volume séparément (30 fr.)............................... 15 fr.

VIDAL (don Luis-Mariano). **Datos para el conocimiento del Terreno garni-
sumense de Cataluna.** Madrid, 1874, grand in-8 de 39 pages avec 8 pl. 6 fr.

LE PROPRIÉTAIRE-GÉRANT : H. BAILLIÈRE.

PARIS. — IMPRIMERIE DE E. MARTINET, RUE MIGNON, 2

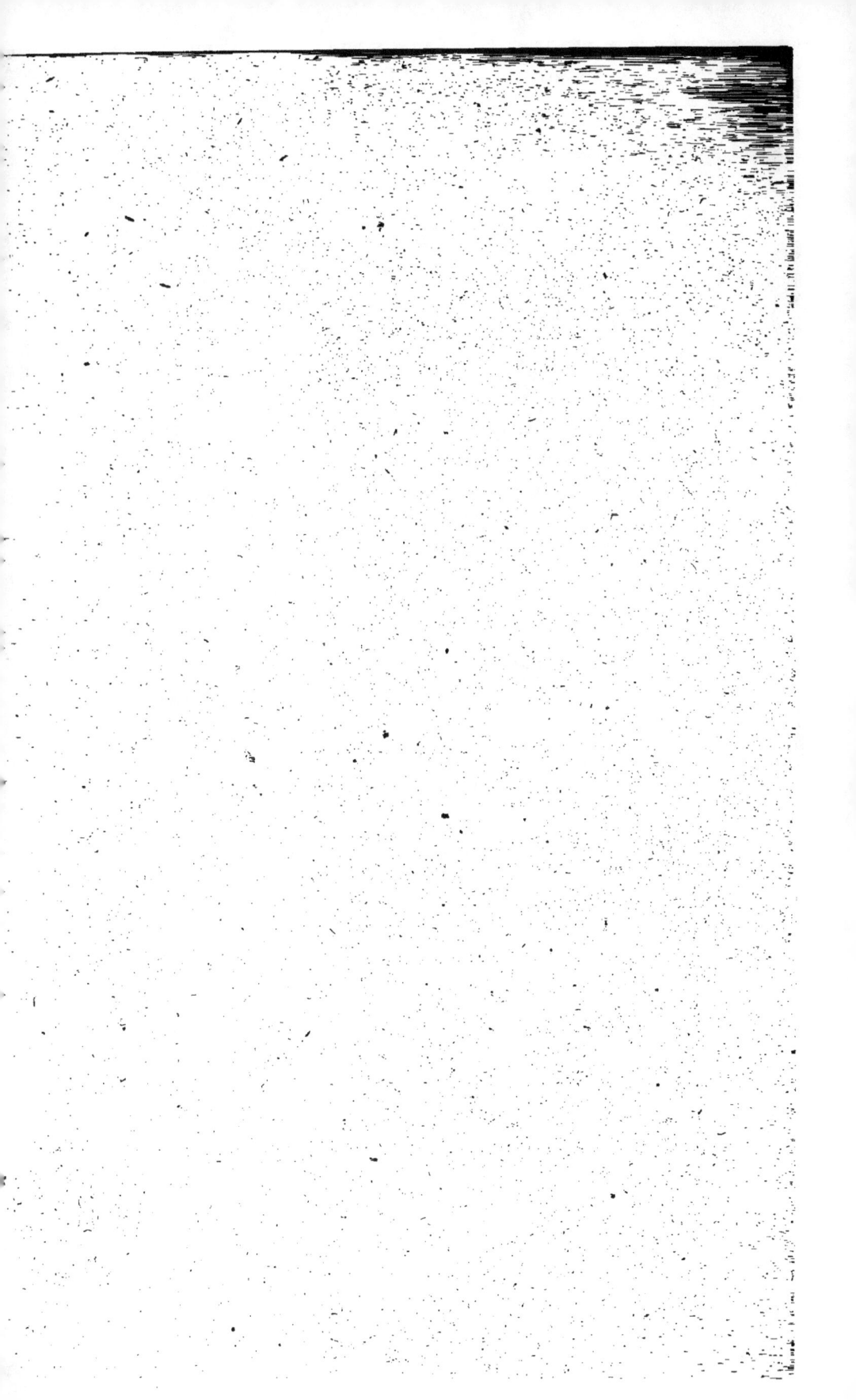

BRONGNIART (Ad.). — **Enumération des genres de plantes** cultivées au Muséum d'histoire naturelle, suivant l'ordre établi dans l'Ecole de botanique. *Deuxième édition*, avec une table générale alphabétique. Paris, 1850, in-18 jésus. 4 fr.

DUCHARTRE (P.). — **Eléments de botanique**, comprenant l'anatomie, l'organographie, la physiologie des plantes, les familles naturelles et la géographie botanique, par P. DUCHARTRE, membre de l'Institut (Académie des sciences), professeur à la Faculté des sciences de Paris. *Deuxième édition*. Paris, 1877, 1 vol. in-8 de 1280 pages, avec 540 figures dessinées d'après nature par A. Riocreux, cart. 20 fr.

DUMORTIER (B.-C.). — **Hepaticæ Europæ**. Jungermannideæ Europæ post semi-seculum recensite, adjunctis Hepaticis. Bruxelles, 1875, in-8, 203 p., avec 4 pl. col. 8 fr.

DUVAL-JOUVE (J.). — **Histoire naturelle des Equisetum de la France**. Paris, 1864, 1 vol. in-4°, VIII-296 pages, avec 10 pl. en partie coloriées et 33 fig., cart. 20 fr.

GAUDICHAUD. — **Botanique du voyage autour du monde** exécuté sur la corvette *la Bonite* (Amérique méridionale, Océanie, Chine) 1° *Cryptogames cellulaires et vasculaires* (Lycopodiacés), par MM. MONTAGNE, LÉVEILLÉ et SPRING. 1844-1846, 1 vol. in-8, 356 de pages; 2° *Botanique*, par M. GAUDICHAUD. 1851, 2 vol. in-8; — 3° *Atlas* de 150 planches in-folio; 4° *Explication et description des planches de l'Atlas*, par M. Ch. d'ALLEIZETTE. 1866 in-8. 80 fr.

GERMAIN (de Saint-Pierre). **Nouveau Dictionnaire de botanique**; comprenant la description des familles naturelles, les propriétés médicales et les usages économiques des plantes, la morphologie et la biologie des végétaux (étude des organes et étude de la vie). Paris, 1870, 1 vol. in-8 de xvi-1388 pages avec 1640 fig. 25 fr.

GODRON (D.-A.). — **De l'espèce et des races dans les êtres organisés**, et spécialement de l'espèce humaine. *Deuxième édition*. Paris, 1872, 2 vol. in-8. 12 fr.

GRENIER (Ch.). — **Flore de la chaîne jurassique**, par M. Ch. GRENIER, professeur de botanique à la Faculté des sciences de Besançon. Paris, 1865-1875, 3 parties en 1 vol. in-8 de 1002 pages, cart. 12 fr.

HUMBOLDT. — **De distributione geographica plantarum** secundum cœli temperiem et altitudinem montium, Parisiis, 1817, in-8, avec carte coloriée. 6 fr.

LAMOTTE (Martial). — **Catalogue des plantes vasculaires de l'Europe centrale**. Paris, 1847, in-8 de 110 pages. 2 fr. 50

LECOQ (H.). — **Études sur la Géographie botanique de l'Europe**, et en particulier sur la végétation du plateau central de la France. Paris, 1854-1858, 9 vol. gr. in-8, avec 8 planches coloriées. (72 fr.) 45 fr.

MARTINS (Ch.). — **Du Spitzberg au Sahara**. Étapes d'un naturaliste au Spitzberg, en Laponie, en Écosse, en Suisse, en France, en Italie, en Orient, en Égypte et en Algérie, par Charles MARTINS, professeur d'histoire naturelle à la Faculté de médecine de Montpellier. Paris, 1866, in-8, xvi-620 pages. 8 fr.

PAULET (J.-J.) et LÉVEILLÉ (J.H.). — **Iconographie des Champignons**, de PAULET. Recueil contenant 217 planches dessinées d'après nature, accompagné d'un texte nouveau par J.-H. LÉVEILLÉ. Paris, 1855, in-folio de 135 pages, avec 217 planches coloriées, cartonné. 170 fr.

RENAULT (B.). — **Contributions à la paléontologie végétale**. Études sur le Sigillaria Spinulosa et sur le genre Myelopteris, par B. RENAULT, docteur ès sciences. Paris, 1875, in-4° avec 12 planches gravées et coloriées. 12 fr.

ROBIN (Ch.). — **Histoire naturelle des végétaux parasites** qui croissent sur l'homme et sur les animaux vivants, par Ch. Robin, membre de l'Institut (Académie des sciences). Paris, 1853, 1 vol. in-8 de 700 pages, avec 15 pl. col. 16 fr.

ROBIN (Ch.). — **Traité du microscope**, son mode d'emploi, ses applications à l'étude des injections, à l'anatomie humaine comparée, à l'anatomie médico-chirurgicale, à l'histoire naturelle animale et végétale, et à l'économie agricole, par Ch. ROBIN, professeur à la Faculté de médecine de Paris, membre de l'Institut. *Deuxième édition*. Paris, 1877, 1 vol. in-8, 1400 pages avec 317 fig. et 3 pl., cart. 20 fr.

SAINT-HILAIRE (A.). — **Plantes usuelles des Brasiliens**, par A. SAINT-HILAIRE, membre de l'Institut de France. Paris, 1824-1828, in-4°, avec 70 planches, cartonné. 36 fr.

SCHIMPER (W.-P.). — **Traité de paléontologie végétale**, ou la Flore du monde primitif dans ses rapports avec les formations géologiques et la flore du monde actuel, par W.-P. SCHIMPER, professeur à la Faculté des sciences de Strasbourg. Paris, 1869-1874, 3 vol. grand in-8, avec atlas de 110 planches gr. in-4, lithographiées. 150 fr.

WATELET (Ad.). — **Description des plantes fossiles** du bassin de Paris. Paris, 1866, 1 vol. in-4, 264 p., avec atlas de 60 pl. cartonné. 60 fr.

PARIS. — IMPRIMERIE DE E. MARTINET, RUE MIGNON, 2